took him my arms and set out
softly moved, and stirred.
carrying a very fragile
now, that there was no
Earth.
his pale forehead, his
that trembled in the
what I see here is no
wrinkle....."
with the suspicious of
to myself, again: "what moves
little prince who is sleep
be a flower the image of
through his whole being like the
when he is asleep....." And
people still. I felt the need
himself were a flame that
a little puff of wind.....
to me. I found the well,
way in express trains, but they do
they are looking for. Then they rush,
and turn round and round.....
< le petit prince
24

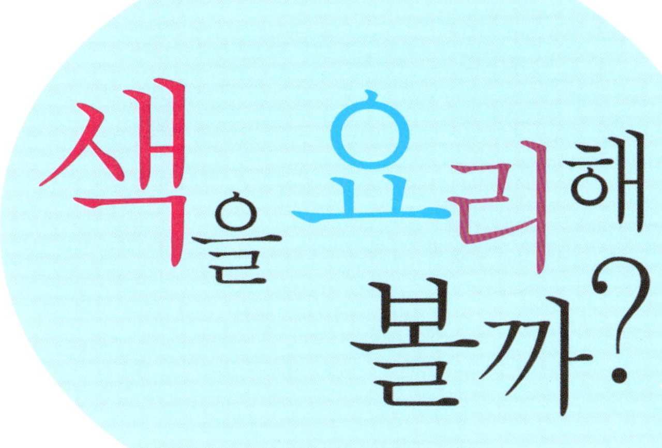

색을 요리해 볼까?

김혜경 · 현종오 지음

해나무

이제 오븐에 넣자
파란 하늘을 좀 더 넣어 봐
빛이 반사하기 시작했다
핑크빛이 나는걸!

가서 빛 좀 더 가져와 볼래?
이쪽에 색이 넘쳐!
다시 넣어 봐
와~ 드디어 부풀어 오르기 시작했다

파란 하늘을 한 그릇 떠서 오븐에 넣고 구우면 어떻게 될까? 칙칙한 검은 갈색이 될지도 모르고, 지는 해처럼 붉은색이 될지도 모른다. 만약에 너무 어두우면 빛을 조금 더 넣으면 되고 너무 싱거우면 무지개 가루를 뿌려 맛을 음미해 보자. 색을 요리하다니 무엇을 어떻게 한다는 말일까?

『색을 요리해 볼까?』는 세상의 많은 색에 관한 이야기들을 요리해 먹듯이 쉽게 풀어 쓴 책이다. 영롱하게 푸른 빛을 띠고 있는 우리 별 지구에서 출발한 이야기는 하늘이 왜 푸른색인지 노을은 어떻게 하늘을 붉은색으로 물들게 하는지를 알려준다. 솜사탕 같은 뭉게구름이 흰색으로 빛날 수 있는 이유와 무지개에 얽힌 이야기로 조리된 요리의 맛을 감상하다 보면 빛과 색의 원리를 절로 깨우치게 된다. 지상으로 내려온 색 이야기는 지구의 색을 요리하기 시작한다. 변화무쌍한 물의 색과 다채롭게 물든 땅의 색, 그리고 오색찬란한 보석의 색깔까지 너무도 아름다운 자연의 색 앞에서 우리는 감동하게 된다. 식물의 색 속에는 지구 위에 사는 모든 동물들을 먹여 살리는 비밀이 숨어 있었고, 신비스러운 동물의 색에서는 숨 막히는 생존 경쟁의 사다리를 만나게 되었다. 이렇게 색을 알면 모든 과학의 문이 열리는 것 같다.

그러나 색 속에 들어 있는 과학을 이해하려면 너무 머리가 복잡해진다. 색의 아름다운 면을 강조한 책이 있다면 색의 과학적 원리를 풀어준 책도 있다. 그러나 우리 자연 속에는 두 가지가 따로 존재하지 않기 때문에 두 사실을 통합해 제시하지 않으면 우리는 색을 아름답게도 볼 수 없고 색의 원리를 잘 이해할 수도 없게 된다.

이 둘 사이의 위대한 통합을 이루려는 것이 이 책의 의도다. 이런 의도를 꿰뚫어 두 사실을 통합해 준 것이 바로 '요리'라는 디자인 콘셉트였다. 그렇게 색의 원리를 쉽게 요리해 먹듯이 공략하면서 색의 아름다움을 놓치지 않는 책을 만들고자 노력하고 책을 준비하기 시작한 지 벌써 두 해나 흘렀다. 새로운 콘셉트로 기획된 책이 많은 고민과 어려움 속에서 드디어 책으로 나오게 된다고 하니 감격스럽기까지 하다. 이 책이 나오기까지 같이 애써 주신 여러 분들께 감사드린다.

김혜경 · 현종오

CONTENTS

01 색으로 맛을 낸 하늘

1 열려라, 파란 하늘 / **2** 퍼져라, 붉은 노을 / **3** 솟아라, 뭉게구름 / **4** 피어라, 무지개

거대한 암흑을 바탕색으로 영롱하게 푸른 빛을 띠고 있는 우리 별 지구. 그러나 조금씩 다가가 보면 지구는 갖가지 다채로운 색을 선보이기 시작한다. 대기권이 보여주는 변화무쌍한 색에서 지표면의 놀라운 색까지……. 말로 표현하기 힘든 아름다운 빛깔의 하늘, 노을, 구름, 무지개! 이들은 마치 자연이 인간에게 베푼 성찬과도 같다. 시원한 하늘과 알싸한 노을로 상큼하게 맛을 낸 요리를 떠올려 보라. 정말 그럴싸하지 않은가? 자, 이제 오묘한 색으로 맛깔스럽게 차려진 하늘 요리를 먹어볼 차례이다.

1. 열려라, 파란 하늘

보기만 해도 가슴 벅찬 파란 하늘은 과연 어떤 맛일까? 그 푸른 빛깔처럼 시원한 맛이지 않을까? 막힌 곳 없이 탁 트인 공간에서 하늘을 맛보면, 영혼까지 자유롭게 해줄 낭만적인 맛이 느껴질지도 모른다. 과학적 이해를 바탕으로 빛, 구름과 함께 하늘의 푸르름을 한 번 만끽해 보자.

뉴턴도 몰랐던 빛의 산란

우주 공간에서 하늘을 보면 깜깜하게 보이지만 지구에서 하늘을 보면 파랗게 빛난다. 태양은 똑같이 존재하는데 이렇게 다르게 보이는 이유는 무엇일까? 무엇 때문에 하늘이 파란지 밝혀내기까지는 많은 시행착오가 있었다. 17세기 위대한 과학자 뉴턴은 하늘의 색에 대하여 '공기 중의 수증기에 의해 빛이 반사되어 파랗게 보인다'고 설명했다. 과연 그럴까? 비가 오는 날이나 흐린 날에는 수증기가 많으니까 하늘이 더 파래야 하는데 그렇지 않은 걸 보면 뭔가 틀렸다는 것을 알 수 있다.

뉴턴의 명성으로 오랫동안 정설로 여겨져 온 이론이 무너진 것은 '산란'의 발견 때문이었다. 빛은 대기 중의 입자들과 부딪히면 여러 가지 방향으로 흩어지는데 이것을 '산란(scattering)'이라고 한다. 극장에서 영화를 상영하고 있을 때, 스크린 반대편의 영사기에서 나오는 빛줄기를 본 적이 있을 것이다. 영화관에서 보지 못했다면 여름날 구름 사이로 햇빛이 내리비치는 것이나 숲속 나뭇잎 사이로 햇빛이 쏟아지는 광경을 보았을 것이다. 이는 공기 중의 기체나 물방울, 먼지 같은 작은 입자들이 빛을 사방으로 산란시키기 때문에 보이는 현상이다.

공기 중의 작은 입자들은 빛을 사방으로 산란시킨다. ▶

즉, 공기 중의 입자들에 의해 빛이 산란되어 빛이 지나가는 경로가 보이는 것이다. 담배 연기가 하늘거리며 올라가는 것도 빛의 산란을 볼 수 있는 좋은 예이다. 연기의 입자들이 빛을 여러 방향으로 산란시키기 때문에 연기가 이동하는 모습을 볼 수 있는 것이다.

19세기 아일랜드 과학자 존 틴들(John Tyndall)은 용액 안에 빛을 비출 때, 용해되지 않은 작은 입자들이 빛을 산란시킨다는 것을 알아냈다. 사람들은 이를 처음 밝혀낸 과학자의 이름을 따서 '틴들 효과 (tyndall effect)'라고 불렀다. 틴들은 어떤 용액에 강한 빛을 비추었을 때 파란빛이 만들어지는 것을 보고 "이탈리아의 하늘과 견줄 만하다"고 말했다. 하늘이 파란 것은 빛의 산란과 연관이 있을지 모른다는 영감을 받은 것이다.

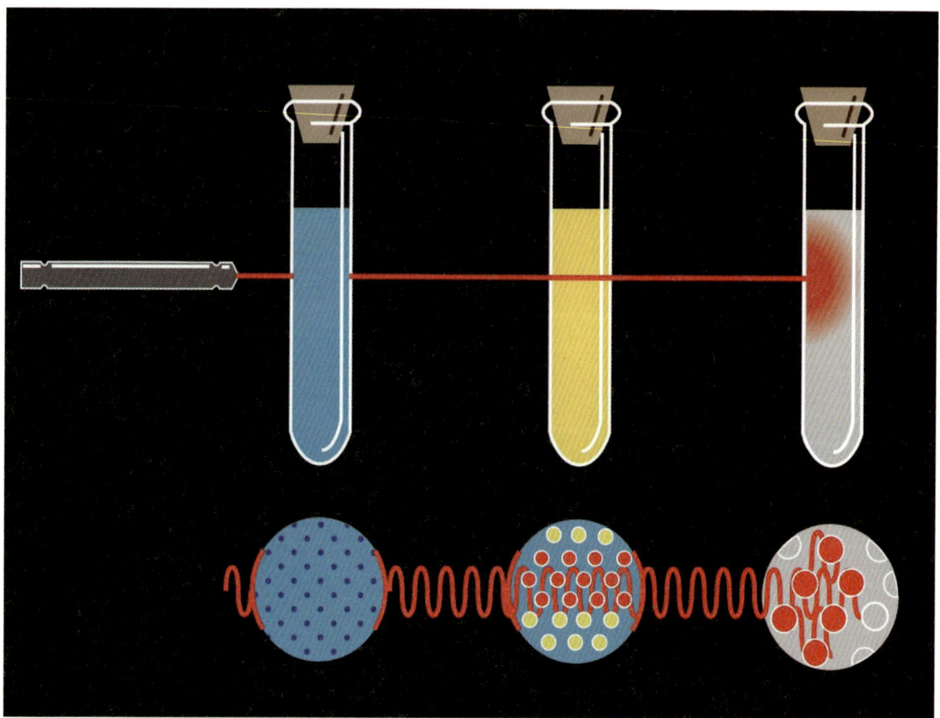

▲ 틴들 효과 (tyndall effect)
파란 용액 : 용액이 불투명해서 경로가 보이지 않음.
노란 용액 : 입자보다 파장이 커서 빛이 그대로 통과함.
회색 용액 : 입자와 파장이 비슷해서 산란됨.

존 틴들 John Tyndall, 1820~1893

1820년 아일랜드에서 태어났다. 1848년 마르버그(Marburg)대학에 입학해 그곳에서 화학, 수학, 물리학을 공부했으며, 3년이 채 지나지 않은 1850년에 박사학위를 취득했다. 1853년에 틴들은 런던 왕립학교의 자연과학 교수가 되었으며, M. 패러데이(Michael Faraday)와 친구이자 동료로서 나란히 연구 활동을 하였다. 그들은 철학적인 문제에서는 서로 의견을 달리했지만, 평생 동안 변함없는 우정을 나눴다. 틴들은 반자성(diamagnetism)에 관한 연구를 끝마친 후, 결정의 광학적인 특성과 하늘빛의 편광, 그리고 기체를 통한 열의 복사 등에 관해 연구를 시작하여, 후에 슈테판-볼츠만 법칙을 찾아내는 데 크게 기여하였다. 그는 능숙한 강연자이기도 했다. 마치 공연을 앞둔 배우처럼 강연을 연습했고, 그의 강연 입장권은 1회당 5달러에 팔릴 정도로 인기가 많았다.

70세가 되면서, 그는 자주 불면증과 중풍에 시달렸다. 통증 때문에 다량의 아편을 복용한 지 3년이 지난 후, 틴들은 아내 루이자가 잘못 준 진통제의 과다 복용으로 사망했다. 저서로는 열의 운동론으로 각광을 받은 유명한 『운동의 한 방식으로서의 열 Heat Considered as a Mode of Motion』과 『소리의 과학 The Science of Sound』이 있다. 과학자이면서 유명한 산악인이기도 했던 틴들은 마터호른 등반을 수차례 시도하였으며, 1861년엔 바이스호른을 성공적으로 등반했다. 1868년에는 최초로 완전한 마터호른 횡단을 달성하였다.

보라색이 될 뻔한 하늘

하늘이 파랗지 않고 보라색이었다면 사람들은 좀 더 달콤 쌉싸름한 감정을 느끼지 않았을까? 틴들 효과를 발전시켜 하늘이 왜 파란색인지 알아낸 사람은 존 W. S. 레일리 (John Willian Strutt Rayleigh)이다. 빛이 나아가다 입자를 만나면 산란하게 되는데, 이때 만나는 입자에 따라 다르게 산란된다는 사실을 밝혀낸 것이다. 지구의 대기는 주로 질소와 산소로 구성되어 있는데, 햇빛은 대기의 질소나 산소 분자를 만나서 산란하게 된다. 이때 파란색, 자주색, 보라색 빛은 잘 산란되지만, 빨간색, 주황색, 노란색 빛은 잘 산란되지 않는다. 즉 파장이 짧을수록 산란이 잘 된다. 산란된 파란색 빛은 여러 방향으로 나아가는데, 이 빛이 우리 눈에 들어오므로 하늘이 파랗게 보이는 것이다. 이처럼 공기 입자들이 여러 가지 빛 중 일부 색깔의 빛만 선택적으로 산란하는 것을 '레일리 산란 (Rayleigh scattering)'이라고 한다.

공기가 푸른색 빛을 더 잘 산란시킨다는 점은 간단한 실험으로 알아볼 수 있다. 붉은색 빛만 나오는 전등과 파란색 빛만 나오는 전등을 가지고 암실에 들어가 각각 천장을 비춰 보자. 그러면 붉은색 빛은 천장까지 향하는 경로가 보이지만, 푸른 빛은 경로가 보이는 대신 방 전체가 파란색으로 비춰진다.

레일리
John Willian Strutt Rayleigh,
1842~1919

영국의 물리학자. 1842년 에식스의 맬던에서 태어났다. 1861년 케임브리지 대학 트리니티 컬리지에 입학해 수학을 전공했다. 1871년 하늘이 파랗게 보이는 현상을 설명한 '레일리 산란' 법칙을 발표했으며, 1904년 W. 램지와 함께 아르곤을 발견해 그 공로로 노벨 물리학상을 받았다. 음향학, 파동론, 색채론, 전기역학, 전자기학, 유체역학, 모세관 현상 등 다양한 범위에서 업적을 남긴 인물이다. 영국 왕립과학연구소장, 왕립학회장, 케임브리지 대학 명예 총장직을 역임했다.

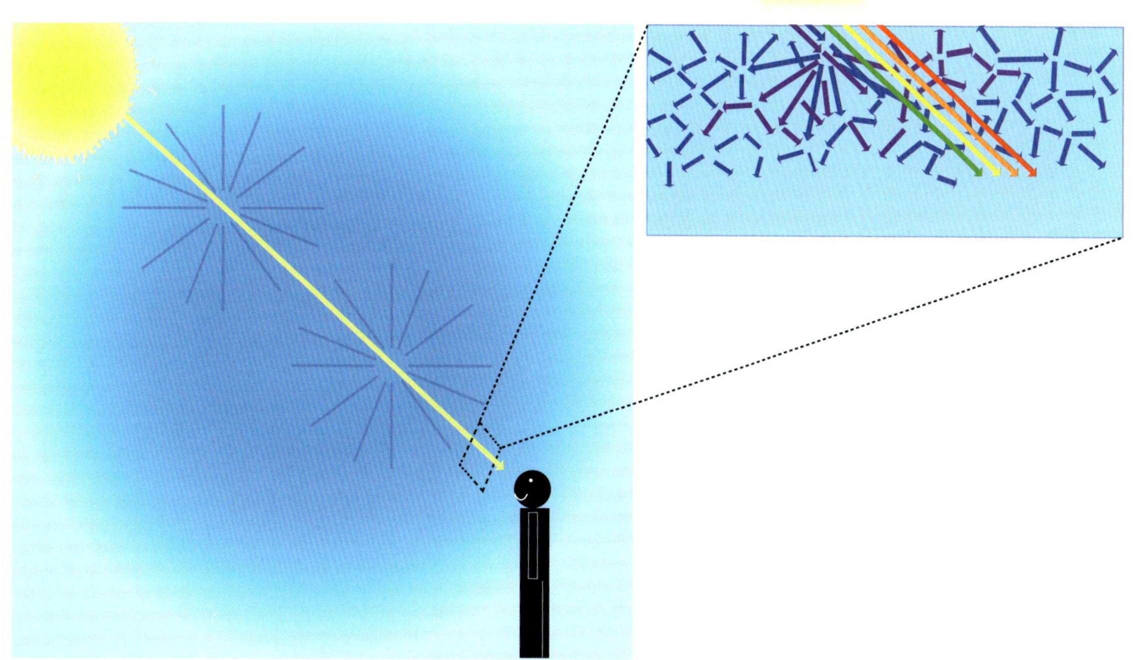

파란색 빛이 공기에 의해 사방으로 산란되기 때문이다. 만약 산란이 일어나지 않는다면 태양이나 별을 쳐다볼 때를 제외하고 우리 눈에 들어오는 빛은 거의 없어 하늘이 까맣게 보일 것이다. 우주에서 하늘이 검게 보이는 이유는 우주 공간에 빛을 산란시킬 만한 공기가 없기 때문이다. 또 태양 빛의 모든 색이 동시에 눈에 이르므로 태양은 흰색으로 보일 것이다. 그러나 의문은 아직도 남아 있다. 그럼 왜 하늘은 파장이 가장 짧은 보라색이 아닐까? 그것은 우리 눈이 보라색보다는 파란색에 더 민감하기 때문이다. 햇빛의 스펙트럼 구성도 보라색보다는 파란색이 빛의 강도가 더 세다.

먼 산은 더 파랗게 보인다

▲ 앨버트 비어슈타트, ⟨Haying, Conway Meadows⟩, 1864

빛의 산란은 인간의 원근감에도 영향을 미친다. 빛이 많이 산란된 것을 볼수록 더 멀리 있는 것이라고 느끼는 것이다. 산란은 다른 파장의 빛에서도 일어나지만, 특히 파란색 빛의 산란은 더 쉽게, 더 많이 일어날 뿐 아니라 빛이 어느 방향에서 오든 산란이 일어난다. 따라서 멀리서 오는 빛은 많이 산란되어 약해지고, 주변에서 산란된 파란색 빛이 섞여 들어와 좀 더 파란색으로 보인다. 그리고 빛은 우리를 향해서만 오는 것이 아니라 모든 방향으로 퍼지므로 멀리 있을수록 더 흐릿하게 보인다. 먼 산에서 오는 빛은 상대적으로 긴 공기층을 통과하면서 많이 산란되기 때문에 그 산에서 나오는 빛은 거의 눈에 도달하지 못한다. 이와 달리 그 산과 우리 사이에 존재하는 대기의 푸른색 빛이 우리 눈에 더 많이 도달하기 때문에 먼 산이 더 파랗게 보이는 것이다. 즉 먼 산일수록 더 파랗게, 하늘의 색과 가깝게 보인다.

오른쪽 그랜드 캐니언의 사진을 보자. 가까운 부분은 선명하고, 붉은색 계열을 띤다. 그러나 먼 쪽은 선명하지도 않거니와 거의 비슷한 지질구조와 물질인데도 푸른색 계열로 보인다.

사진에서 보듯이 거리가 멀고 가까움은 물체의 선명도와 색깔에 영향을 미친다. 이런 성질을 화가들은 그림 그릴 때, 멀리 있는 물체를 묘사할 때 사용하였다. 왼쪽 그림은 앨버트 비어슈타트의 「Haying, Conway Meadows」 (1864)이다. 멀리 있는 산을 푸른색으로 흐릿하게 표현하였다. 이는 오른쪽의 그랜드 캐니언 사진과 비슷하다.

그랜드 캐니언 ▶

그랜드 캐니언의 사진을 볼 때, 가까운 부분은 선명도가 높은 붉은 색이지만, 먼 쪽은 흐릿하면서도 푸른색 계열의 색이 나타난다.

늘 푸른 것은 아니야

▲ 도시나 공업 지역의 하늘은 먼지 때문에 파랗지 않고 뿌옇다.

하늘이 늘 푸른 것은 아니다. 하늘이 파랗더라도 태양 방향을 쳐다보면, 태양 근처의 하늘은 그렇게 파랗지 않다. 오히려 하얀 편이다. 그것은 산란되는 빛 외에 태양의 모든 빛이 우리 눈에 도달하기 때문이다. 우리가 별이나 태양을 바라본다는 것은 거기에서 나오는 빛이 우리 눈에 도달한다는 것이므로, 태양이 방출하는 모든 빛의 영역이 모두 눈에 들어오게 된다는 것을 의미한다. 때문에 태양 근처의 하늘은 하얀색에 가깝다.

그렇다면 도시나 공업 지역의 하늘은 왜 파랗지 않을까? 공기 중에는 항상 먼지가 있다. 이들은 공기 분자에 비해서 매우 크므로 초록색이나 붉은색 영역까지 산란시킨다. 하지만, 그 양이 적어서 전체적으로는 파란 하늘로 보인다. 하지만 먼지가 매우 많아지면 점차 파란색이 바랜다. 대부분의 공업지역이나 도심의 하늘이 뿌연 것도 이런 먼지 때문이다.

그럼 달에서 본 하늘은 무슨 색일까? 달에서 본 하늘은 우주의 바탕색인 검정색이다. 그리고 달에서 본 지구는 검은 하늘에 떠 있는 파란 보석처럼 보인다.

달에서 본 지구는 파랗고, 달에서 본 하늘은 까맣다.

Special *Menu*

화성의 대기는 붉은색?

화성의 대기에는 먼지가 많은데, 특히 그 안에 산화철 성분이 많아서 오히려 붉은색으로 보인다. 그리고 지구보다 대기의 양이 적어서 빛이 덜 산란되기 때문에 지구보다 좀 더 어둡게 보인다. 특히 지표면에 먼지가 매우 많아 먼지의 양에 따라 대기의 색깔이 자주 변한다. 화성에도 구름은 있다. 주로 이산화탄소와 먼지로 구성된 구름이다. 화성의 대기에는 수증기가 없기 때문에 지구의 구름과는 색이 다르다. 보통 새벽이나 저녁 즈음에 구름이 관찰되는데, 보통은 푸른색을 띠지만, 먼지가 많은 경우 구름은 붉은색으로 바뀐다.

지구와 화성

우주에서 지구를 보면 푸르게 보이지만 화성은 붉게 보인다.

화성의 표면

화성의 지표면에는 먼지가 매우 많다.

화성의 대기

화성의 대기는 먼지가 많고 붉은색으로 보인다.
붉은색으로 보이는 이유는 먼지에 산화철 성분이 많기 때문이다.

화성의 새벽

화성에서는 새벽 무렵에 구름이 관찰되는데,
보통 푸른색을 띠지만 먼지가 많으면 붉은색으로 보인다.

미식가를 위한 **특별** 메뉴

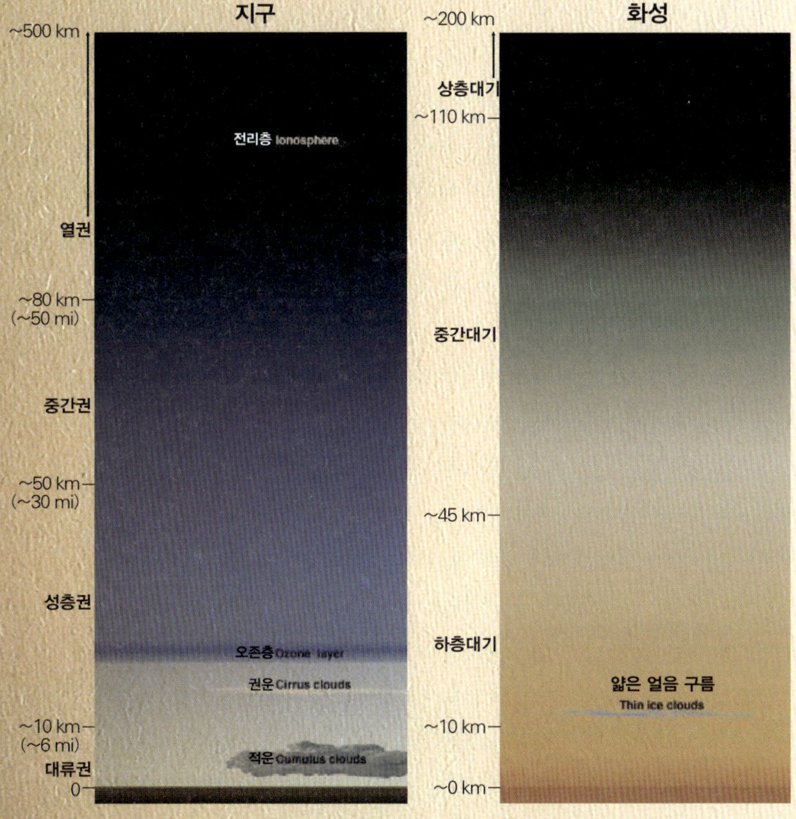

지구와 화성의 대기 비교

지구의 대기는 푸른색을 띠는 반면
화성의 대기는 붉은색을 띤다.

파란색은
금세 퍼지니까
주의해야 해!
빛은 예민하다니까!
너무 까다로워

틴들 따라잡기

간단한 실험 1

1 준비물 : 손전등, 파란색 셀로판지,
　빨간색 셀로판지, 고무줄 2개, 깜깜한 방

2 깜깜한 방에서 손전등에 빨간색 셀로판
　지를 대고 비추어 본다.

3 깜깜한 방에서 손전등에 파란색 셀로판
　지를 대고 비추어 본다.

실험 결과

빨간색의 경우, 빛이 진행하는 경로가 보이지
만, 파란색의 경우, 온 방이 파랗게 보인다.

왜 그럴까?

공기는 파란색 빛을 산란하기 때문에 전체
방안이 파랗게 보인다.

또 다른 실험 2

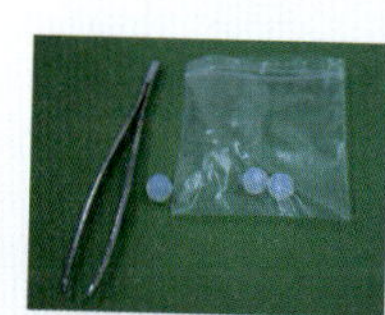

1 준비물 : 흰색 오팔유리(비즈공예점에서
　구할 수 있음), 밝은 스탠드, 집게

2 오팔 유리를 밝은 스탠드 아래에서 본다.

3 밝은 스탠드를 향해 대고 오팔유리를 본다.

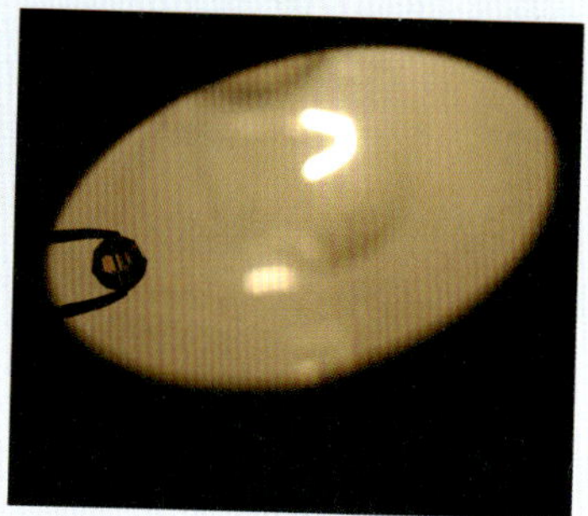

실험 결과

밝은 스탠드 빛 아래서 보면 흰색 오팔 유리는 파랗게 보인다. 그러나 유리에
빛을 통과시켜 유리를 들여다보면, 노란색이나 오렌지색을 나타낸다.

왜 그럴까?

오팔유리 자체는 공기가 투명한 것처럼 투명하다. 그러나 오팔유리가 제작될
때 파란색 빛의 파장보다 작은 입자들이 결정을 이뤄 이 결정체들이 빛을 산란
하고 파란색을 나타내는 것이다. 실리카 에어로겔(silica aerogel)도 흰색 오팔유
리와 같이 산란한다.

2. 퍼져라, 붉은 노을

하늘이 늘 푸른 것은 아니다. 어떤 날은 달착지근한 것을 맛보고 싶고 어떤 날은 매운 음식을 맛보고 싶듯이, 하늘 또한 때마다 여러 색으로 변한다. 특히 해가 뜰 때와 해가 질 때에는 급격한 변화를 보인다. 뜻밖의 장관을 연출하면서 말이다. 주인공은 지평선 근처의 하늘을 붉게 물들이는 노을이다. 노을 역시 빛의 산란 작용으로 설명할 수 있다. 이번엔 태양의 위치에 주목해 보자.

낮에 하늘이 파래서 노을이 붉다

낮에 하늘이 파랗기 때문에 저녁 노을이 붉다니 참 역설적으로 들린다. 그러나 다음 원리를 이해하게 되면 정확한 표현이라는 것을 알게 된다. 아침 해가 뜰 때나 저녁 해가 질 무렵에는 태양이 지평선 근처에 있게 된다. 한낮에 태양이 머리 꼭대기에 있을 때는 태양빛이 우리 눈으로 들어오기까지 통과하는 대기층의 거리가 짧은 반면, 아침이나 저녁에는 햇빛이 통과하는 대기층의 거리가 퍽 길다. 대기 속에서 더 긴 거리를 지나는 아침과 저녁 햇빛은 더 많은 공기 분자와 만나게 되고, 산란이 잘 되는 파란색 빛은 대기를 지나면서 거의 다 산란되어 버려 우리 눈까지 도달하지 못한다. 이와 달리 비교적 산란이 잘 안 되는 붉은색 빛은 산란되지 않고 대기 속을 잘 통과해 눈까지 이르게 된다. 그래서 우리가 보는 태양과 대기의 색깔이 붉게 보이는 것이다. 그러니 낮에 하늘이 파랗게 보이는 이유가 바로 저녁 노을이 붉게 보이는 이유였음을 알게 된다. 빨간색, 주황색, 노란색 등 파장이 길어 산란이 잘 일어나지 않는 빛깔이 바로 우리가 볼 수 있는 노을의 색이다.

바닷물 위의 공기 중에는 소금 입자가 많기 때문에 바다의 저녁 노을은 유난히 붉다. ▶

실험실에서 노을 만들기

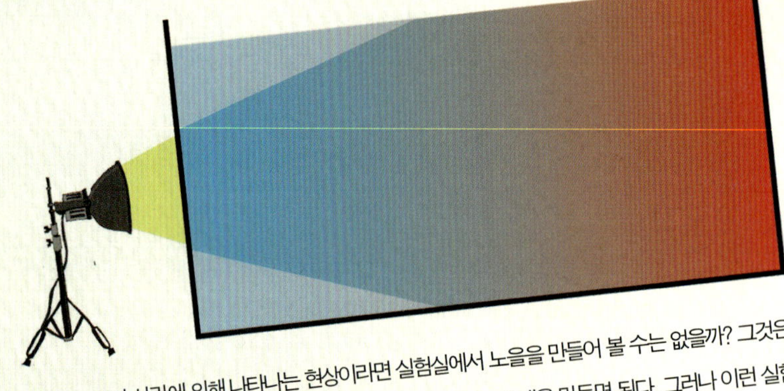

붉은 노을이 산란에 의해 나타나는 현상이라면 실험실에서 노을을 만들어 볼 수는 없을까? 그것은 얼마든지 가능하다. 실험실에 길이 5 미터의 대형수조를 놓고 거기에 우유를 조금 넣어 콜로이드 용액을 만들면 된다. 그러나 이런 실험은 보통 독자들로서는 준비하기 어려울 수 있다. 그렇다고 슬퍼할 필요는 없다. 효과가 조금 적게 나타나기는 하지만 길이 2미터 정도 되는 금붕어용 어항에도 해볼 수도 있다. 광원으로는 가정용 랜턴이면 된다. 물론 TV 촬영할 때 사용하는 조명기구가 태양을 대신할 수 있으면 더욱 좋다. 이렇게 준비한 후 콜로이드 용액에 빛을 비추면, 앞부분은 푸른색이 주로 나타나지만, 끝부분은 붉은색이 주로 보인다.

이 현상으로 낮에 하늘이 파란색이 보이는 이유와 새벽이나 저녁에 하늘이 붉게 물드는 이유를 설명할 수 있다. 태양빛이 대기층을 통과하는 거리가 짧은 낮에는 하늘이 파랗게 보이는데, 이는 실험에서 광원의 빛이 통과하는 층이 짧은 앞부분이 파랗게 보이는 현상과 그 이유가 같다.

대기 오염, 아름다운 노을을 빼앗다

도시에 사는 사람이라면 새파란 하늘이나 붉은 노을을 본 기억이 많지 않을 것이다. 색깔을 앗아간 것은 바로 대기 중의 오염 물질이다. 만일 입자들의 크기가 일정하다면 하늘은 특정한 색을 나타낼 것이다. 그런데 문제는 오염 물질의 입자 크기가 대부분 제각각 다르다는 사실이다. 골고루 크기를 갖추고 있는 이 입자들은 거의 모든 빛의 파장을 골고루 산란하게 된다. 그렇게 되면 대낮에도 하늘은 파랗지 않고 뿌연 안개처럼 흰색이나 회색을 띤다. 오염된 하늘에서는 노을의 색도 선명하지 않다. 붉은색이나 밝은 주황색 대신 창백한 노란색이나 분홍색을 띤다.

그뿐만이 아니다. 오염 물질은 지면에 도달하는 직사광선의 일부를 차단해 빛을 약하게 한다. 특히 태양의 고도가 낮을 때 그 영향은 더욱 커진다. 해가 질 무렵 비행기를 타게 된다면 창밖을 잘 관찰해 보자. 지상의 오염된 대기층을 지나자마자 화사한 노을이 갑작스레 나타날 수 있다. 오염된 대기가 가득한 지면에서와 달리, 상층에서는 대기가 깨끗해 주황색과 붉은색으로 이루어진 선명한 노을을 볼 수 있는 것이다. 공기가 깨끗한 사막이나 적도 지방에서는 환상적인 노을을 자주 볼 수 있다.

▲ 사막의 노을(왼쪽)과 도시의 뿌연 노을(오른쪽)

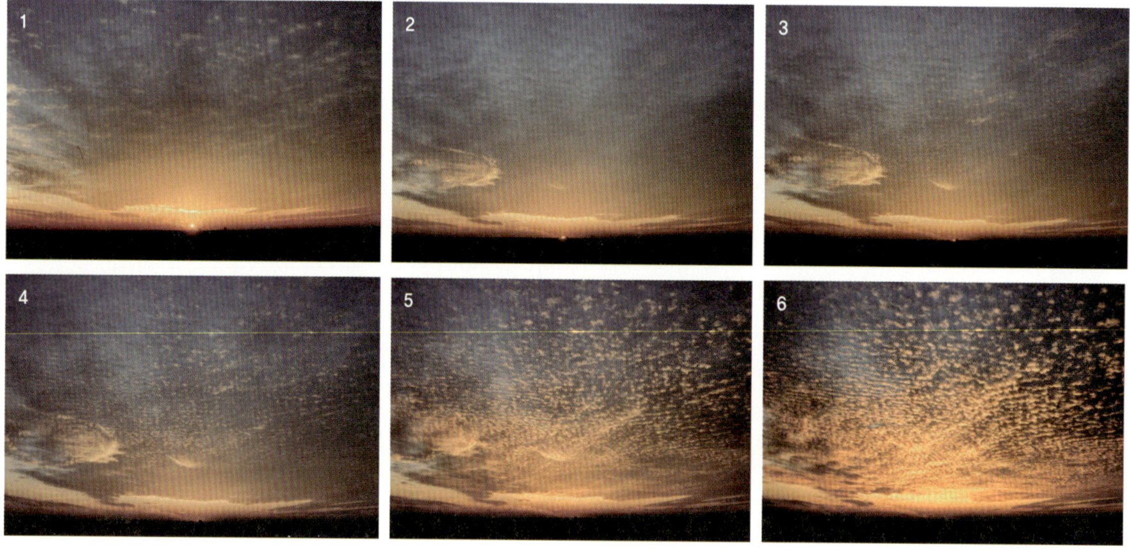

▲ 태양이 비추고 있을 때는 뿌연 하늘 때문에 잘 보이지 않던 고적운이 태양이 완전히 지자 구름 모양이 뚜렷한 노을을 아름답게 보여준다.

구름은 노을을 더 아름답게 만든다

기억에 남는 일출이나 일몰 장면은 보통 구름이 없거나 거의 없을 때 생긴다. 오염 물질과 마찬가지로 구름도 빛을 차단하기 때문이다. 하지만 때에 따라서 구름이 오히려 노을을 더욱 멋지게 만든다. 왼쪽 사진은 해가 지고 있는 모습이다. 태양이 비추고 있을 때 뿌연 하늘 때문에 잘 보이지 않던 고적운(높쌘구름)은 태양이 완전히 지자 빛의 산란이 줄어들면서 구름의 모양이 뚜렷하게 보인다.

태양빛이 안개나 먼지에 의해 약해지거나 색을 잃어버리면, 노을의 색이 선명해질 수 없다. 따라서 층운, 층적운 같은 낮은 구름이 있을 때보다는 권운, 고적운같이 높은 구름이 있을 때 더 멋진 노을을 볼 수 있다. 만일 구름이 낮게 있어도 노을이 멋지다면 그만큼 공기가 매우 맑고 깨끗하다는 것이다. 또 노을의 색은 비 오기 전과 비 온 뒤가 다르다. 비 오기 전에는 공기 중의 먼지와 수증기로 인해서 색이 전반적으로 탁하지만, 비 온 뒤 공기가 깨끗해지면 노을의 색은 매우 선명해진다.

화산재가 만들어낸 환상적인 노을

멋진 일출과 일몰을 만들어내고, 때로는 방해도 하는 것은 대류권의 입자들이다. 하지만 노을에 영향을 주는 입자들은 그보다 높은 성층권에도 있다. 화산이 폭발하여 생긴 화산재나 황산 방울은 성층권에 존재하는데, 낮에는 대류권 내의 입자들의 산란으로 그 존재가 보이지 않다가 해가 질 무렵 서쪽에 나타난다. 화산재로 인해 노을은 더 활활 타는 붉은색과 자주색을 나타낸다. 대개 태양이 지고 난 직후에 보이기 때문에 애프터글로우(afterglow)라고도 한다.

애프터글로우는 성층권의 높이와 두께, 그리고 대류권 내의 구름과 안개, 스모그 정도에 따라 다르게 나타난다. 또 산불 등으로 나타난 재와 연기가 노을의 색을 변화시키기도 한다.

▲ 같은 장소라도 그날의 구름, 안개, 스모그의 정도에 따라 노을이 다르게 나타난다.

▲ 필리핀 피나투보 화산이 폭발한 지 3개월 후에 미국 동부에서 촬영한 것이다. 이 산은 화산으로 인한 노을 색의 변화가 약 18개월 동안 지속되었다.

태양 위의 초록색 노을 빛

노을을 자세히 관찰한 이라면 노을진 태양 위쪽이 녹색으로 보일 때가 있다는 것을 알 것이다. 초록색 빛은 태양이 거의 수평선 아래로 가라앉을 때쯤 나타난다. 해안과 같이 충분히 낮은 지대에 서서 봐야 하고 아주 잠깐 동안 일어나는 현상이어서 관찰하기 쉽지는 않다. 이런 현상이 생기는 것은 태양 자체의 색이 변해서가 아니라 지구의 대기 때문이다. 지구의 대기는 프리즘처럼 작용해서 빛의 파장에 따라 굴절되는 정도가 달라지고 파장이 짧은 빛일수록 더 많이 굴절된다. 위 그림처럼 붉은색 빛은 관찰자의 눈보다 더 높은 곳으로 지나가고, 초록색 빛은 관찰자의 눈에 도달하여, 관측된다. 드물게 더 파장이 짧은 파란색 빛이 태양 위에 나타나는 경우도 있다.

▲ 태양 위의 초록색 노을 빛은 각기 파장이 다른 빛의 굴절로 인해 나타난다.

화산재가 만든 파란 달

화산이 발생하면 화산재의 영향으로 달이 파랗게 보이기도 한다. 2004년 7월에는 보름달이 두 번 떴다. 그 중 하나는 파란색 달이었다. 7월 31일 밤 달을 보았다면, 그것은 파란 달이었을 것이다. 보름달은 29일을 주기로 뜨는데, 한 달이 보통 30일~31일이므로 한 달에 보름달이 두 번 뜰 수도 있다. 2년 반마다 한 번씩, 한 달에 보름달이 두 번씩 뜰 때마다 사람들은 두 번째 뜨는 달을 블루문 (blue moon)이라고 했다. 그러나 두 번째로 뜬 달이기 때문에 색이 파란 것은 아니다. 기록에 의하면 1883년에 인도네시아의 크라카토아 화산이 터졌을 때 달이 푸르게 변했다고 한다.

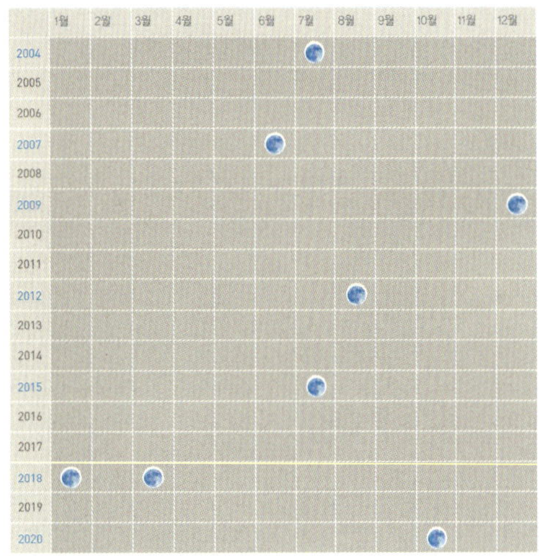

▲ 블루문이 뜨는 달

그러면 왜 화산이 터질 때 달은 파랗게 변할까? 그것은 화산재 때문이다. 화산재는 1 ㎛정도의 크기로 붉은색 빛(0.7 ㎛)을 산란시키기에 딱 맞는 크기이다. 그래서 다른 빛은 모두 통과시키는 반면 붉은 빛은 모두 산란시킨다. 산란된 붉은 빛은 눈에 도달하지 못해 달빛이 푸르게 또는 초록색으로 보이는 것이다. 1883년 당시에는 수년간 파란색 달이 보였고 달뿐 아니라, 낮에는 파란색-자주색-보라색 태양과 푸른 구름이 나타났다고 한다.

그러나 화산이 폭발한다고 해서 늘 파란색 달이 나타나는 것이 아니다. 드물게 화산재 입자의 크기가 모두 균일하게 나타나는 경우에만 이런 현상이 일어난다. 1983년 멕시코의 엘 치콘 화산, 1980년 미국의 세인트헬렌스 화산, 1991년 필리핀의 피나투보 화산의 경우가 파란색 달이 나타난 대표적인 예이다.

블루문 ▶
화산재의 입자는 붉은 빛을 띠고 잘 산란시켜 달빛을
푸르게 혹은 초록색으로 보이게 만든다.

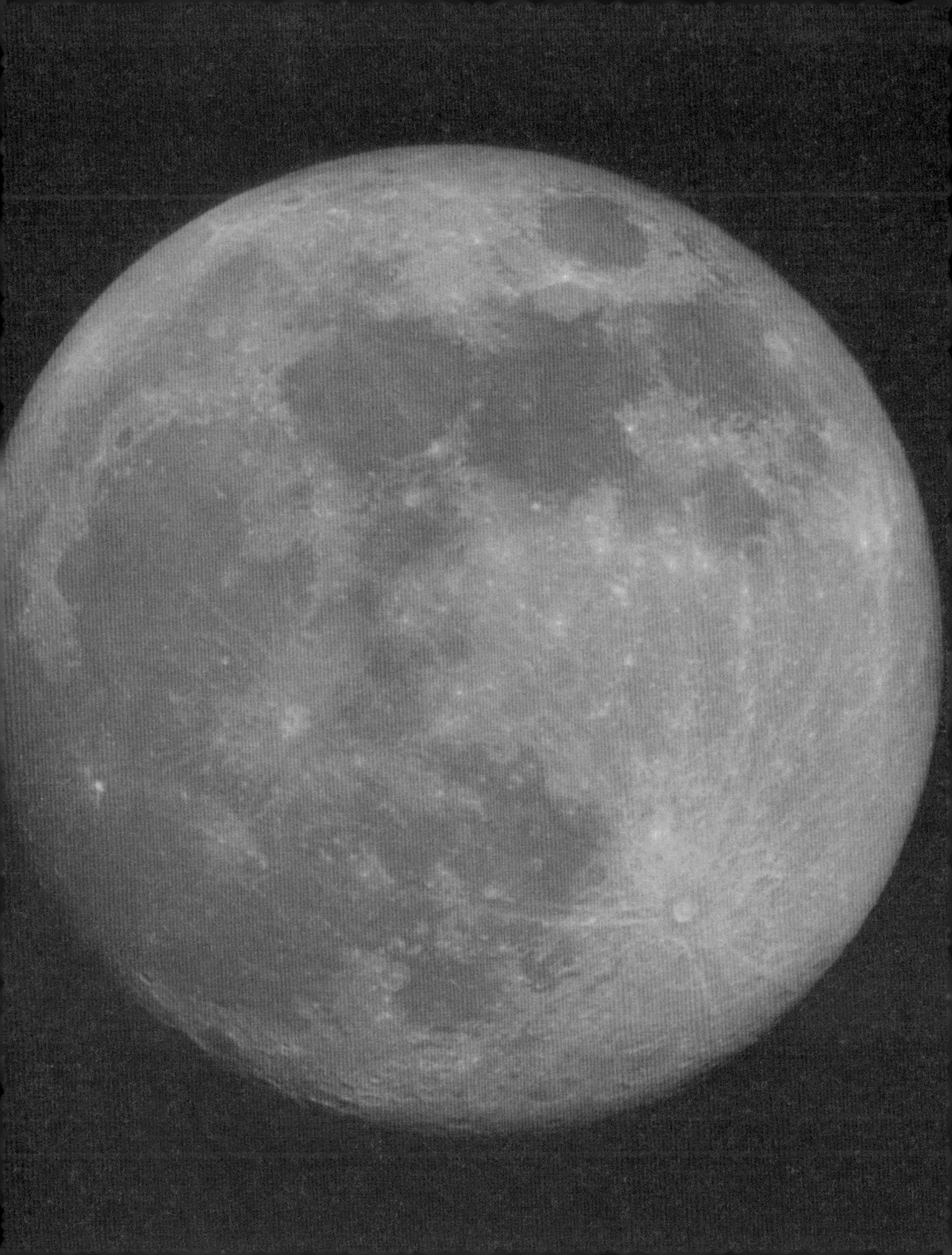

3. 솟아라, 뭉게구름

노을과 함께 손꼽히는 하늘 요리의 주재료는 바로 구름이다. 뭉게뭉게 솟아올라 우리에게 보들보들한 느낌을 주는 구름은 대기 중에 떠다니는 물방울이나 얼음 알갱이들이 모여서 만들어진 것이다. 흰 구름, 먹구름, 노을에 물든 구름 ……. 구름의 색을 알려면 구름을 이루고 있는 수증기를 알면 된다. 자, 이제 빛과 수증기가 만났을 때 일어나는 현상을 살펴보자.

구름은 왜 흰색일까?

빛은 대기 중에 어떤 입자를 만나느냐에 따라 산란된 빛의 파장도 달라진다. '산란'이란 빛이 들어온 빛 그대로 퍼지기만 하는 것이 아니라 공기에 포함된 입자와 작용하여 파장에 따라 일부는 흡수되고 일부는 다른 파장의 빛으로 나가는 것을 말한다. 예를 들면 대기 중에 가장 많은 양을 차지하고 있는 질소나 산소는 크기가 매우 작기 때문에 파장이 짧은 자외선을 가장 많이 산란시킨다. 긴 파장일수록 산란되는 양이 적어져 붉은색의 빛이 산란되는 양은 파장이 짧은 자외선이 산란되는 양의 10퍼센트밖에 되지 않는다. 하늘이 파랗게 보이는 것은 어두운 우주를 배경으로 보라색, 파란색, 노란색의 파장이 짧은 빛의 순서대로 빛이 산란되기 때문이다. 하지만 구름을 이루는 물방울은 공기 분자보다 매우 클 뿐 아니라, 크기가 매우 다양해서 파란색 외에도 녹색, 노란색, 붉은색 등을 고루 산란시킨다. 때문에 우리 눈에는 모든 파장의 빛이 함께 들어와 구름이 하얗게 보인다. 다양한 크기의 물방울이 다양한 색깔의 빛을 산란시키고, 모든 빛깔이 동시에 눈에 들어오면서 구름이 흰색으로 보이는 것이다. 또 인접한 물방울을 구성하는 물분자의 전자들이 함께 진동하는 공진 현상을 일으키면 구름은 더욱 밝게 보인다.

몽땅 흡수해 버리겠어!

먹구름의 경우는 조금 다르다. 물방울이 충분히 커지면 빛을 산란시키기보다 흡수한다. 빛은 거의 흡수되어 우리 눈에까지 도달하지 못하기 때문에 구름은 어두운 색을 띤다. 물방울의 크기가 크고 두꺼울 때 먹구름이 되는 현상은 자동차 배기가스에서도 찾아볼 수 있다. 배기가스 안의 입자 크기에 따라 때로는 흰색, 때로는 검은색이 되는 것이다. 도심의 수평선 근처 하늘에 나타나는 스모그 현상도 마찬가지이다. 보라색 또는 검붉은색의 하늘은 대기 성분 중 이산화질소(NO_2)나 이산화황(SO_2) 같은 오염 성분의 분자량이 커졌기 때문이다.

도시의 스모그 ▶
도심의 지평선 근처 하늘에 나타나는 스모그는 보라색 혹은 검붉은색이다.

구름의 색깔도 가지가지

색은 빛이다. 빛은 여러 가지 파장으로 나뉘고, 각각의 파장은 특정한 색을 나타낸다. 빛을 이루는 일곱 가지 색을 다 포함하는 빛이라면 하얗게 보인다. 흰색 구름은 모든 파장을 다 반사하고 있음을 알 수 있다. 빛을 반사하는 입자가 비교적 크기 때문에 파장에 따른 산란 효과가 적어져 모든 파장의 빛이 다 산란되는 현상을 '미 산란(Mie scattering)'이라고 한다. 만일 구름에 비친 빛이 흰색이 아니어도 구름은 그 빛을 그대로 다 산란한다. 노을이 질 때는 붉은색, 주황색, 노란색 빛이 구름에 도달한다. 따라서 구름은 이 영역의 빛을 모두 산란하고 구름의 색은 불그스름하게 보인다.

붉은 구름 ▶
구름은 주변의 색을 그대로 나타낸다.

4. 피어라, 무지개

멀리 오묘한 빛깔로 환영처럼 하늘에 떠 있는 무지개는 사람들을 현실이 아닌 다른 세계로 인도하는 다리와 같다. 무지개를 재료로 요리를 한다면 몽상에 젖게 만드는 음식이 만들어지지 않을까. 맛과 색이 신비롭게 조화를 이룬 형형색색의 일품요리를 기대해 봄직하다.

무지개에 얽힌 생각들

▲ 성경에서 무지개는 하나님이 노아에게 더 이상 비를 내리지 않겠다는 약속의 표시이다.

사람들은 무지개를 보면 뭔가 좋은 일이 생길 것 같은 기분을 느낀다. 운이 좋아 무지개를 보았다고 생각하기 때문이다. 그만큼 무지개를 만나기가 쉽지 않다. 무지개는 반원 아치의 완벽한 형태, 스펙트럼으로 보여지는 아름다운 색채, 그리고 잠시 나타나는 일시성 때문에 대부분의 민족과 나라에서 신화와 전설의 소재로 등장하며, 다양한 상징적 의미가 부여됐다. 특히 다리의 형태이므로 하늘과 땅, 현실 세계와 사후 세계 등 두 세계를 잇는 통로로 생각되었다. 서양의 경우에는 성경에 홍수 후 노아에게 더 이상 홍수가 없음을 약속하는 징표로서 무지개가 나온다. 동양에서는 중국과 우리나라의 무속인의 옷에서 그 유래를 찾아볼 수 있다.

한국의 무당이 무지개색 색동옷을 입는 것은 무당의 천계상승을 의미하는 것으로 신과 소통하는 것을 뜻한다. 또한 천지신명에게 기도할 때 무지개떡을 올리는 것도 무지개떡이 하늘과의 통로를 상징하기 때문이다. 선녀가 하늘에서 내려올 때 애용하는 다리도 무지개이다. 이외에 불교나 힌두교에서 무지개는 가장 높은 의식 상태, 정신적 경지에 도달했음을 상징한다.

▲ 루벤스, 〈무지개가 있는 풍경 Landscape with a Rainbow〉, 1636~1638

무지개에 얽힌 여러 가지 속설도 있다. 터무니없는 속설도 있지만 그 중에는 과학적인 근거를 바탕으로 한 것도 있다. 노아의 예처럼 사람들이 무지개를 신과의 소통 등 좋은 징조로 여기기도 하지만 나쁜 징조로 보는 경우도 많다. 중국에서는 무지개가 연못의 물을 빨아들인다고 생각하고, 중앙아시아에서는 무지개가 뜨면 가뭄이 생긴다고 믿었다. 아메리카의 인디언들도 무지개가 물을 빨아올려 가뭄의 원인이 된다고 생각했다.

이와 반대로 우리나라에서는 무지개를 보고 홍수를 예상했다. 속담 중에는 '서쪽에 무지개가 뜨면, 소를 강가에 매지 말라'는 것이 있다. 이는 현재 태양이 동쪽에 있는데, 서쪽에는 비가 오고 있음을 뜻한다. 우리나라는 편서풍대에 속하기 때문에 모든 날씨의 변화는 서쪽에서 동쪽으로 이동한다. 따라서 앞으로 비가 올 가능성이 크다는 뜻이다. 특히 무지개는 소나기와 잘 동반되므로 곧 오게 될 비는 짧은 시간에 많은 비가 내릴 수 있으므로 홍수일 가능성이 커진다는 것이다.

그럼 무지개가 만들어지는 진짜 원인은 무엇일까? 어원을 살펴보면, 신기하게도 무지개가 생기는 원리가 들어 있다. 물의 고어 '믈'과 빛깔의 '깔'이 변한 '가이'가 합쳐져 '믈의 가이' 즉 무지개가 된 것이다. 무지개란 '물의 빛'이란 뜻이다.

물방울은 천연 프리즘

무지개란 무엇일까? 무지개는 언제 어떻게 만들어지는 것일까?

뉴턴이 햇빛이 일곱 가지 색으로 나뉜다는 것을 알아낸 후, 토머스 영(Thomas Young)은 빛이 공기보다 물속에서 더 느려진다는 것을 증명했다. 빛이 물방울을 통과할 때 파장이 다른 빛은 각각 다른 속도로 진행한다는 것을 밝힌 것이다. 뒤이어 조지 비델 에어리(George Biddell Airy)는 무지개가 생기는 과정을 마침내 완벽하게 설명해냈다. 에어리의 설명은 이렇다.

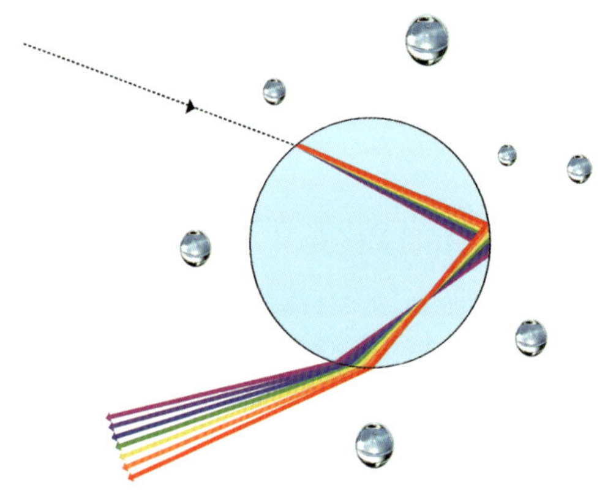

햇빛이 공중에 떠 있는 물방울 속으로 들어가면 빛의 경로는 굴절된다. 이때 빛의 굴절되는 정도는 빛의 색깔마다 다른데, 빨간색보다 주황색이, 주황색보다 노란색이 많이 굴절되며, 보라색이 가장 많이 꺾인다. 즉 물방울을 통과하기 전에는 백색광이었던 햇빛이 물방울 속에서 색깔에 따라 분리되는 것이다. 물방울은 자연이 만들어낸 천연 프리즘인 셈이다. 물방울 안에서 색깔별로 분리된 채 진행하던 빛은 공기와의 경계면에 닿으면, 일부는 굴절되어 공기 중으로 나가고, 일부는 반사된다. 반사된 빛은 물방울 속에서 진행하다가 다시 공기와의 경계면과 만난다. 이때 또 일부는 반사되고 일부는 공기 중으로 굴절되어 밖으로 나온다. 이렇게 나온 빛은 여러 색으로 나뉘는데 이것이 무지개다.

에어리의 계산에 의하면 무지개는 물방울의 지름이 0.01밀리미터에서 4밀리미터일 때 생긴다. 특히 물방울이 클수록 색채는 더욱 선명해지고, 더 넓은 공간을 차지하며, 반지름도 넓어진다. 균일하게 큰 빗방울이 집중적으로 내리고, 강한 햇빛이 있을 때 우리는 가장 밝은 색채의 무지개를 볼 수 있다. 무지개를 보려거든 한여름 소나기가 내리고 난 오후 무렵을 놓치지 말자. 참! 반드시 태양의 반대 방향으로 서 있어야 무지개를 볼 수 있다.

쌍무지개는 언제 뜰까?

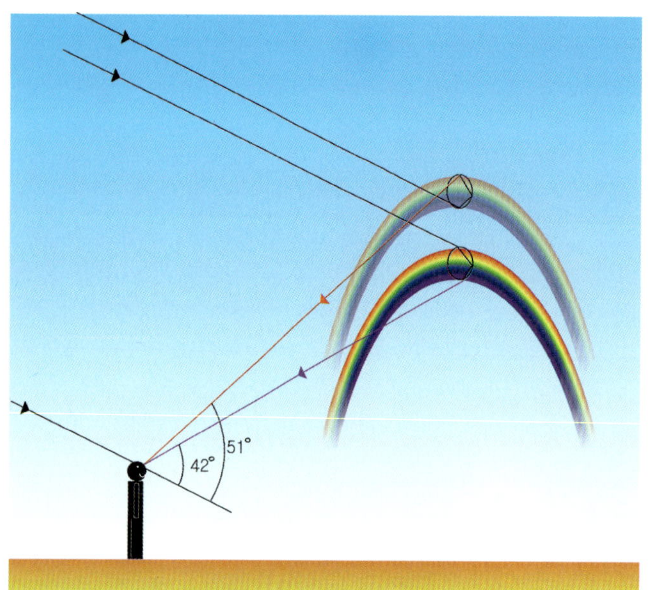

하나만 보아도 황홀한 무지개를 동시에 두 개나 본다면 얼마나 기분이 좋을까?

쌍무지개는 2차 무지개의 생성으로 만들어진다. 물방울 속에서 빛이 두 번 반사하고 나온 것이 바로 2차 무지개이다. 두 번씩이나 반사된 뒤라 색은 1차 무지개보다 흐리다. 대부분의 무지개가 쌍무지개로 만들어지지만 1차 무지개에 비해 빛의 양이 줄어든 2차 무지개는 너무 흐려서 잘 보이지 않는다. 이때 물방울로 들어온 태양광선과 물방울 속에서 나온 빨간 빛 사이의 각도는 1차 무지개가 $42°$, 2차 무지개가 $51°$다. 그래서 2차 무지개는 1차 무지개보다 더 높은 곳에 나타난다.

그러나 2차 무지개는 1차 무지개와 반대로 보남파초노주빨의 색 순서를 갖는다. 두 번 반사되었기 때문에 보라색이 위로 가는 것이다. 1차 무지개의 경우 햇빛과 물방울 사이의 각도가 빨간색인 경우 $42°$, 보라색인 경우 $40°$(빨간색>보라색)인데 반해 쌍무지개에서 나타나는 2차 무지개는 빨간색이 $51°$, 보라색이 $54°$(빨간색<보라색)이다. 따라서 1차 무지개와 색 순서가 반대일 뿐 아니라, 색 사이의 간격이 크게 벌어진다.

그렇다면 언제 쌍무지개를 볼 수 있을까? 대답은 간단하다. 무지개가 선명하게 뜨는 날 쌍무지개가 보인다. 무지개를 만드는 물방울의 크기가 크면 빛을 모으는 양도 커지기 때문에 진하고 선명한 1차 무지개뿐 아니라 2차 무지개를 함께 볼 수 있는 것이다.

무지개는 왜 반원일까?

우리가 보는 무지개는 대부분 원의 일부분인 호나 반원 모양이다. 이렇듯 무지개가 원형으로 보이는 것은 물방울의 모양 때문이다. 물방울이 완전한 원형이면 햇빛은 물방울의 표면 중 한 지점에 화살처럼 들어가는 것이 아니라, 해를 향하고 있는 물방울 표면 전체로 들어간다. 이 빛은 물방울 안에서 굴절하고 색깔별로 다르게 진행한다. 빨간색 빛은 중심각이 42°인 고깔 모양으로, 보라색 빛은 중심각이 40°인 더 뾰족한 고깔로 물방울에서 나온다. 즉 무지개가 원형인 이유는 물방울이 원형이기 때문이다.

매우 높은 산 위에 있거나 비행기를 타고 갈 때, 만일 지평선이 없는 곳에서 해를 등지고 무지개를 본다면 완전한 원형의 무지개를 볼 수 있을 것이다. 관찰자보다 위에 있는 물방울뿐만 아니라 아래에 있는 물방울도 볼 수 있으므로 원형으로 보이는 것이다. 즉 태양과 나를 잇는 직선이 물방울이 있는 평면과 만나는 점을 중심으로 한 원형 무지개가 생긴다.

이때 완전한 원형 모양의 무지개를 보려면 물방울까지 약 1킬로미터 떨어진 경우 물방울의 높이와 폭이 적어도 모두 1,460미터(730×2미터) 이상 퍼져 있어야 한다. 즉 물방울이 충분히 넓은 지역에 퍼져 있어야 한다는 말이다. 그렇지 않으면 무지개의 일부만 볼 수 있다.

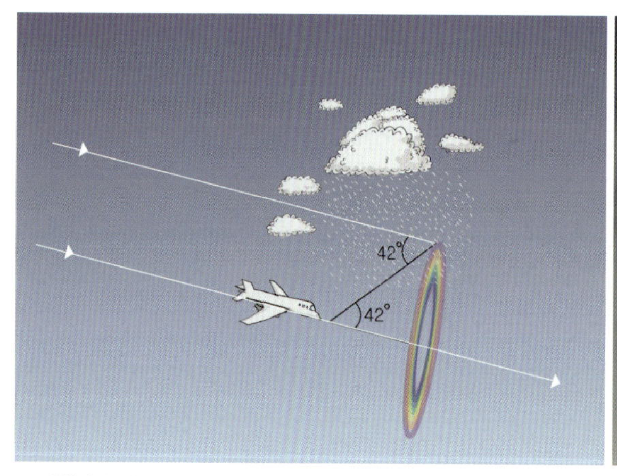

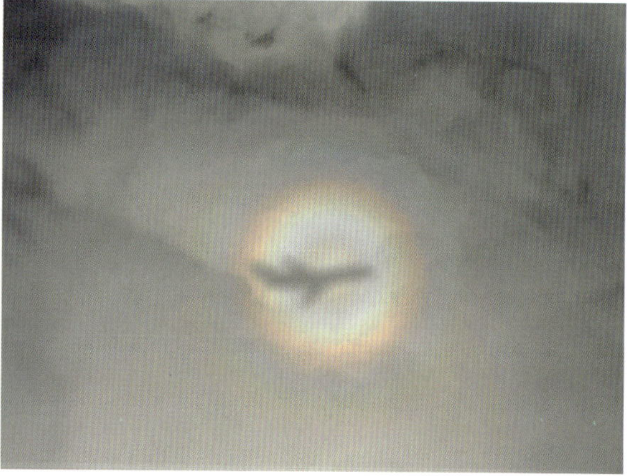

▲ 관찰자가 위와 아래의 물방울을 모두 볼 수 있을 때 원형 무지개가 보인다.

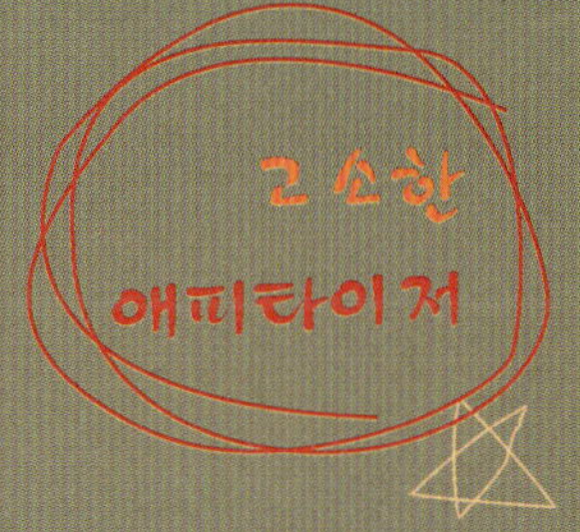

무지개를 제대로 즐기는 방법

비가 온 후 밝은 햇살이 비추는 곳엔 무지개가 만들어진다. 그러면 무지개를 보기 위해 비가 오고 곧바로 맑게 개인 날만을 기다려야 할까? 아니다. 물방울과 빛이 있는 곳이라면 어디에서라도 무지개를 볼 수 있다. 폭포나 분수대 근처, 헤엄치면서 입으로 물을 뿜어 포말을 만들 수 있는 곳, 파도가 부딪혀 하얀 포말이 생기는 뱃전, 아침 이슬이 영롱하게 매달려 있는 거미줄이나 잔디밭, 안개 낀 날 또는 습도가 높은 날의 가로등 주변, 엷은 구름이 살짝 지나가는 달 주변 등을 조금만 관심을 가지고 보면 무지개를 발견할 수 있다. 내 손으로 무지개를 만들 수도 있다. 태양을 등지고 분무기로 물을 뿌리면 손에 잡힐 듯한 무지개가 생기는 것이다.

하지만 언제라도 무지개를 볼 수 있는 것은 아니다. 우선 태양 빛이 물방울을 비출 때, 관찰자는 태양을 등지고 있어야 한다. 태양의 고도가 너무 높으면 무지개의 중심이 지표보다 낮아지기 때문에 아주 짧게 보이거나 거의 보이지 않는다. 그래서 태양의 고도가 너무 높지 않은 시간에 태양을 등지고 폭포나 분수대 근처를 산책해야 예쁜 무지개를 볼 수 있다. 이때 바람이라도 불어줘서 물방울이 공기 중으로 흩어지면 무지개를 더 쉽게 볼 수 있다. 맑은 날 제주도의 정방폭포에서 하루종일 무지개를 볼 수 있는 이유는 폭포가 정남향에 위치했기 때문이다. 폭포를 보려면 해를 등지고 설 수밖에 없으므로 관광객들은 떨어지면서 부서지는 물방울 속에서 만들어지는 무지개를 하루종일 감상할 수 있는 것이다.

왜 하필 일곱 색깔이야?

무지개는 그 원리보다 색채의 수를 놓고 더 많은 논쟁을 불러일으켰다. 고대에서 중세까지 문헌이나 그림에 나타난 무지개의 색은 현재처럼 일곱 가지 색인 경우는 거의 없다. 호메로스는 여섯 가지 색이라고 했고, 오비디우스와 베르길리우스는 천 가지 색이어서 세는 것이 불가능하다고도 했다. 아리스토텔레스는 "일찌감치 태양의 반대쪽에 있는 물방울이 무지개 발생에 중요한 구실을 한다"는 것과 "물방울의 모양이 무지개의 아치 모양을 결정짓는다"는 것을 알아냈지만, 무지개는 빨강-녹색-보라가 연속되는 3색이라고 주장했다.

로마의 역사가 마셀리누스는 빨, 주, 노, 초, 파, 보의 6색을 제안하였다. 중세에는 빨강과 녹색으로 이루어진 2색 무지개가 언급되었으나 주로 삼위일체를 상징한다고 하여 아리스토텔레스의 3색설을 지지했다.

17세기에는 5색(빨, 녹, 노, 파, 보)설이 나타났고, 그 뒤 뉴턴이 프리즘을 이용한 스펙트럼 실험을 통해 무지개의 색은 일곱 가지라고 주장했다.

왜 빨간색이 맨 위야?

빛이 공기 중에서 물방울을 통과하여 공기 중으로 다시 나올 때 일곱 색깔의 빛은 각각 다른 각도로 굴절된다. 가장 덜 굴절되는 빨간색 빛은 아래쪽으로, 가장 많이 꺾이는 보라색 빛은 위쪽으로 나온다. 그런데 왜 우리가 보는 무지개는 빨주노초파남보, 즉 빨간색이 맨 위이고, 보라색이 맨 아래인 걸까?

오른쪽 그림에서 보면 알 수 있듯이, 위쪽 물방울에서 나오는 빛 중 빨간색은 시야에 들어오지만, 보라색은 빨간색보다 높으므로 시야보다 위로 지나간다. 또 우리 눈에 보이는 보라색은 아래쪽에 있는 물방울에서 굴절되어 나온 것이며, 이때 빨간색은 시야보다 아래로 지나간다. 따라서 맨 위쪽 빨간색에서 맨 아래쪽 보라색까지 순서대로 나타나게 된다.

02 색으로 넘치는 지구

1 변화무쌍한 물의 색 / **2** 여러 가지 빛깔의 땅 / **3** 오색찬란한 보석

빨, 주, 노, 초, 파, 남, 보. 색을 표현하는 단어는 이들 일곱 가지 외에도 무수히 많다. 연분홍, 회남색, 자주색, 울트라마린, 코발트블루……. 그러나 바다, 땅, 보석의 색을 정확히 표현할 수 있는 단어가 과연 있을까? 눈 앞에 끝없이 펼쳐져 있는 푸른 망망대해를 바라볼 때 인간들은 언어를 버리고 그저 색으로 넘치는 자연에 경이를 표할 뿐이다. 투명하면서도 하얀 눈, 시간에 따라 색을 달리하는 호수, 빛에 따라 빛깔을 바꾸는 보석은 또 어떤가. 다채로운 색으로 물든 자연에 그저 눈과 마음을 빼앗길 뿐이지 않는가.

1. 변화무쌍한 물의 색

우주에서 찍은 사진을 보면 지구가 푸른 행성이라는 말의 의미를 쉽게 알 수 있다. 지구 표면의 70퍼센트를 차지하고 있는 물의 색이야말로 지구의 대표 색깔이다. 멀리서 바라보면 그저 푸른색이지만 사실 바다는 매우 다양한 색을 가지고 있다. 물의 깊이나 상태, 물 속에 사는 생물에 따라 그 모습을 달리한다. 또한 호수, 강, 지하수, 빙하와 같은 지표면의 물도 바닷물에 비해 적은 양이지만, 물이 갖고 있는 고유의 특성으로 인해 놀라운 색의 스펙트럼을 보여준다. 그럼 이제 '물'이라는 흥미로운 물질을 관찰해 보자.

나를 물로 보지 마

▲ 눈송이 결정구조는 매우 복잡해서 모든 빛을 반사시킨다.

우리는 물이 투명하다고 알고 있다. 그런데 폭포에서 떨어지는 물줄기는 흰색이 아닌가. 해변에서 부서지는 파도나 물보라를 보아도 그렇다. 같은 물이 다르게 보이는 것은 무엇 때문일까? 투명한 유리컵이더라도 깨진 조각을 모아 놓으면 하얗게 반짝거린다. 잘게 부숴질수록 하얀색은 더 빛을 발하고, 가루로 부수면 눈송이처럼 새하얗게 된다.

이러한 색의 변화는 빛의 반사와 관련이 있다. 유리는 빛을 투과시키기도 하고 반사시키기도 한다. 유리는 잘게 쪼갤수록 불규칙한 반사각이 많이 생긴다. 게다가 유리 조각을 한데 모아 놓으니 빛이 여러 번 굴절할 수밖에 없다. 여러 번 굴절된 빛이 온갖 방향으로 난반사되니 밝고 희게 보이는 것이다. 물보라나 물방울이 희게 보이는 것도 빛의 난반사 때문이다. 겨울이면 온 세상을 하얗게 뒤덮는 눈도 마찬가지이다.

눈송이는 녹아 흘러내리기 전까지 새하얀 색을 보인다. 눈사람도 녹아서 자취를 감추기 전까지는 하얀 색이다. 이는 모두 눈송이의 얼음 결정 구조 덕분이다. 눈송이의 결정 구조는 금강석만큼이나 복잡해서 빛을 충분하게 이리저리 굴절시키고 반사시킬 수 있다.

물은 진동하고 있다

대부분의 물질에서 색이 나타나는 것은 빛의 흡수, 방출, 선택적 반사, 굴절, 간섭, 회절 등에 의한 결과이다. 그에 반해 물은 자연계에서 유일하게 '진동 전이'를 통해 색을 나타내는 물질이다.

물은 적외선에서 가시광선 영역 중 붉은색까지 흡수한다. 빛을 흡수한 분자는 더 높은 에너지를 지닌 진동 상태가 된다. 물 분자는 적외선을 흡수할 수 있어서 지구의 온난화, 대기 온실 효과의 원인이 되기도 한다.

특히 물은 수소 결합을 하기 때문에 진동하기가 더 쉬워진다. 만일 액체 상태에서 수소 원자들이 수소 결합으로 묶여 있다면, 수소의 진동 정도가 더 빨라지고 진동수가 더 커져서 적외선보다는 가시광선의 빨간색 영역을 흡수할 수 있게 된다. 그래서 다량의 물과 얼음은 일부 빨간색 빛을 흡수하고, 이들을 통과한 빛은 푸른색을 띠는 것이다. 수소 결합이 많이 이루어져 있을수록 붉은색 빛을 더 많이 흡수한다. 따라서 수증기보다는 물이, 물보다는 얼음이 수소 결합을 더 많이 하고, 그 때문에 더 푸르스름하게 보인다. 커다란 빙산이 푸르스름하게 보이는 것은 이 때문이다.

▲ 미키마우스의 두 귀를 수소 원자라고 생각해 보자. 그림처럼 움직이는 것, 바로 이 상태가 진동이다.

거대한 호수나 바다만 파랗다

얼음이나 눈의 표면이 하얀 것은 빛을 모두 반사시키기 때문이다. 하지만 그 속을 들여다보면 푸르게 보인다. 특히 얼음 동굴 등의 구멍은 이 현상이 두드러지게 나타난다. 반사되는 빛 외에 얼음 속으로 투과해 들어간 빛 중 붉은색은 진동으로 인해 흡수되고 남은 푸른색 빛이 보이는 것이다. 얼음이 얇으면, 거의 무색으로 보이지만 얼음이 두꺼워 빛이 오랫동안 진동하면 푸른색으로 보인다.

아래 그래프는 3미터 길이의 알루미늄관에 왼쪽에는 보통 물(H_2O), 오른쪽에는 중수(D_2O)를 넣고 관 아래에서 물을 통과하여 본 것을 표로 나타낸 것이다. 보통 물은 푸르스름하지만, 중수는 무색인 것을 볼 수 있다. 중수는 물에 비해 더 쉽게 진동하기 때문에, 보다 긴 파장의 빛을 흡수하고 가시광선 영역을 벗어나 무색이 된다. 그러면 다른 물질(가령 암모니아)도 수소 결합으로 푸른색 빛을 낼 수 있을까? 가능하지만, 물의 경우도 빛을 흡수하는 정도가 매우 약하기 때문에 빙산이나 거대한 호수나 바다와 같이 물이 매우 많은 경우에만 파란색으로 보인다. 자연계에서는 암모니아와 같은 물질이 물만큼 대량으로 존재하지 않기 때문에 이런 현상은 보이지 않는다.

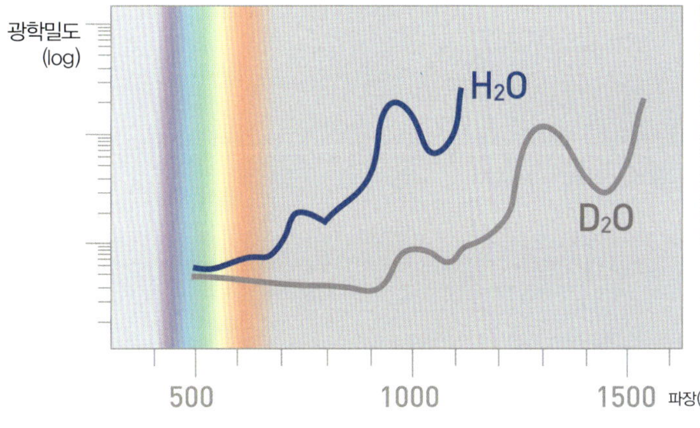

▲ 3미터 길이의 알루미늄관 속에서 왼쪽의 물은 푸르스름하지만 오른쪽의 중수는 무색을 띤다.

자연이 비치는 바다

바다는 왜 파란색일까? 강이나 호수는 왜 푸르게 보이는 걸까? '파란 하늘을 닮아서'라고 생각하는 사람은 과학자의 자질이 없는 걸까? 그렇지는 않다. 물이 진동 전이하면서 붉은색 계열의 색을 흡수하기 때문이기도 하지만, 파란색의 또 다른 요인은 바다가 하늘을 반사한다는 사실이다. 하늘이 파란 곳일수록 물의 색이 새파랗게 보이는 것은 빛의 반사 때문이다. 하늘뿐 아니라 주변의 나무나 숲이 물에 반사되기도 한다. 그래서 깊은 숲 속에 있는 호수나 녹지대가 많은 섬 주변의 바다는 유난히 푸르다.

물은 깊을수록 색이 짙어진다. 이것은 빛의 흡수에 의해 일어나는 현상이며, 빛깔에 따라 흡수되는 정도가 다르다. 가장 잘 흡수되는 색은 파장이 긴 붉은 색으로 물밑 2~3센티미터에서 거의 흡수된다. 이 정도 수심을 통과한 빛은 푸르스름하게 보인다. 더 깊이 내려가면 빛은 노란색, 초록색, 파란색 순으로 물에 흡수된다. 모든 빛이 물속에서 흡수된다면 물은 빛깔이 없을 것이다. 수심 300미터 아래는 암흑이다.

점토층이나 다른 퇴적물이 있다면 흰색이나 황색 산란을 하기 때문에 파스텔톤을 나타내거나 우윳빛, 혹은 갈색을 띤다. 이는 호수나 지하수, 온천에서도 비슷하게 나타난다.

물이 깊어질수록
색이 짙어진다. ▶

◀ 같은 옐로우스톤 공원 내의
온천이어도 구성 물질에 따라
다양한 색이 나타난다.

초록빛 바다, 붉은 바다

물 자체의 옅은 푸른색 외에 물속에 먼지를 비롯한 작은 알갱이, 플랑크톤 등으로 인해 물의 빛깔이 초록색으로 보이는 곳이 있다. 오호츠크 해, 베링 해는 초록색으로 유명한데 그 이유는 바닷속의 풍부한 플랑크톤 때문이다. 그러나 작은 알갱이 등이 적어 물이 깨끗하면 보다 깊은 곳에서 반사되어 물빛이 청색으로 보인다. 열대지방, 태평양, 대서양, 지중해의 바다는 파랑기로 유명하다.

진흙이 많은 우리나라의 서해는 누렇게 보여 '황해'라 부른다. 바다 밑의 퇴적물이 부패하여 떠오르는 흑해는 검게 보여 '흑해'라 부른다.

그러면 홍해는 언제나 붉을까? 그렇지 않다! 오히려 홍해는 옥색에 가깝다. 홍해는 주기적으로 '트리코데스뮴 에리트라에움(Trichodesmium erythraeum)'이라는 청녹조류가 나타난다. 이들로 인해 평소의 바다색은 옥색이지만 이들의 양이 많아지면 붉고 뿌연 담요가 바다를 덮은 듯 바다가 붉게 변하고, 이들이 죽으면 바다의 색은 붉은 갈색이 된다. 아마도 이 조류가 홍해에 주기적으로 나타났기 때문에 이름을 '홍해(Red sea)'라고 한 것 같다.

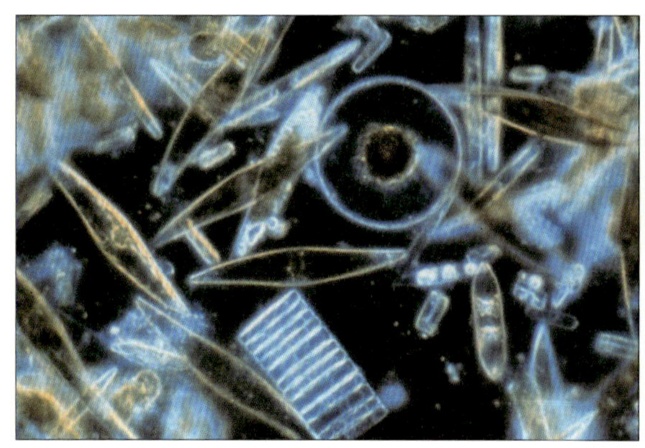

▲ 플랑크톤은 바다의 빛깔에 영향을 미친다.

▲ 초록색 조류로 인해 플로리다의 해변이 초록색으로 보인다.

노는 물이 달라!

저수지 속에는 미생물을 비롯한 수많은 생물들이 서로 균형을 이루면서 살아가고 있다. 그러나 균형을 이룰 때에는 물이 깨끗하여 파랗게 보이지만 저수지에 지나치게 영양 물질이 흘러들어 균형을 잃게 되면 물이 검붉거나 지저분한 색깔을 띠게 된다. 이러한 현상을 영양이 너무 많다는 뜻에서 '부영양화 현상'이라고 한다. 이러한 부영양화 현상은 비료나 세제, 생활하수, 공장 폐수 등 인간 생활에서 기인되는 것이 대부분이다.

이와 대조적으로 북유럽의 호수들은 유난히 푸른 빛을 띤다. 인구밀도가 낮은 유럽 나라들의 호수 속에는 영양분이나 먼지 알갱이 따위들이 적어서 빈영양화 현상이 나타나기 때문이다. 산성비의 영향도 무시할 수 없다. 따라서 호수의 물 색깔은 깊은 곳에서 빛이 반사되기 때문에 거의 투명할 정도로 파랗게 보인다.

▲ 북유럽의 호수는 영양분이나 먼지가 적어 물이 투명할 정도로 파랗게 보인다.

바다를 붉게 변화시키는 적조

적조는 미생물의 이상 증식으로 바닷물이 붉은색으로 변하는 현상이다. 주로 강 하구 부근의 연안이나 조용한 만에서 나타난다. 이는 주변에서 유입된 영양 염류로 인해 해수가 부영양화되어 규조류나 쌍조편모류 등의 플랑크톤이 갑자기 대량 번식해 생기는 것이다. 이때 바닷물의 색깔은 플랑크톤의 종류에 따라 적갈색, 황록색, 암갈색 등을 띠는데, 남조류, 녹조류, 유글레나, 야광충 등

에 의해서도 일어나므로 색상은 다양하게 나타난다. 대개 바닷물 1리터에 플랑크톤이 1만 개 이상이면 물의 색깔이 변하게 되는데, 심할 경우 수백만 개에서 1억 개가 될 때도 있다. 우리나라에서는 진해만, 낙동강 하구, 충무, 인천, 울산 연안 등지에서 자주 발생한다. 게다가 식물성 플랑크톤은 점성이 있어 대량 증식하면 어패류의 아가미에 붙어 호흡을 방해하고 어패류를 죽게 한다. 또한 플랑크톤이 죽어서 산화 분해될 때 산소를 소비하기 때문에 물속의 용존산소량을 부족하게 하는 피해를 일으킨다.

물빛과 닮은 동물

물밑에서 쳐다보면 위가 백색의 빛으로 보인다. 동물들의 배 부분이 흰색인 것은 물 위에 보이는 이 흰 빛과 관련이 있다. 아래에 있는 포식자에게 잡히지 않기 위해 일종의 보호색으로 동물들의 배가 흰색이 된 것이다. 반대로 물 바깥에서 안을 쳐다보면 물 분자의 붉은색 빛 흡수로 인해 물의 색은 파랗게 보인다. 따라서 수면 가까이 사는 어류 중에는 등 부분이 파란 것이 많다. 물의 색과 몸의 색을 비슷하게 하여 물 밖의 포식자로부터 자신을 보호하는 것이다.

2. 여러 가지 빛깔의 땅

6개월 동안 우주 공간을 떠돌다가 마침내 지구로 귀향한 제리 린넨저 박사는 어느 인터뷰에서 지구를 떠나 있는 동안 가족 다음으로 그리웠던 것이 다름 아니라 신선한 공기와 흙냄새, 나무와 풀과 꽃이었다고 말했다. 나무와 풀과 꽃을 자라게 하고, 곡식과 열매를 여물게 하는 지구의 땅. 그럼 이제부터 지구 안의 모든 생명들의 자양분이 되어 주는 '땅'을 살펴보기로 하자.

가장 흔한 색

불그스름한 돌

푸르스름한 돌

노르스름한 돌

회색으로 보이는 돌

인간이 만든 아스팔트와 콘크리트를 모두 거두어 낸다면, 아마도 가장 많이 볼 수 있는 것은 갈색 흙일 것이다. 운동장, 숲, 논밭에서도 우리는 갈색 흙을 볼 수 있다. 이 갈색은 어디에서 오는 것일까? 갈색은 가장 흔한 색이다. 어떤 색을 섞어도 갈색을 만들 수 있다. 노란색과 보라색을 섞어도, 파란색과 주황색을 섞어도 갈색이 나온다. 보색 관계의 색을 섞어도 나오고, 그냥 검정색과 다른 원색을 섞어도 갈색이 나온다. 그래서 갈색은 여러 가지 톤으로 나뉘는데, 그 종류는 95가지에 이른다. 갈색은 가장 흔하지만 또 가장 다양한 색인 셈이다. 흙이 갈색을 띠는 것은, 여러 가지 광물이 한데 섞여 흙을 이루고 있기 때문이다. 조금씩 차이가 있지만 대개 흙 안에는 흑연, 유황, 백금, 은, 동, 철, 석영, 보크사이트, 암염, 칼륨염, 백운석 등과 같은 다양한 광물이 포함되어 있다. 이 중 특정한 광물이 다른 것에 비해 많이 함유되면서 흙은 여러 가지 다양한 색을 띠게 된다. 같은 갈색이라도 붉은색 톤이 높은 갈색, 노란색 톤이 높은 갈색, 어둡고 칙칙한 갈색 등 여러 색이 될 수 있다. 광물의 함량에 따라서 아예 붉은색이나 노란색, 검은색이 될 수도 있다.

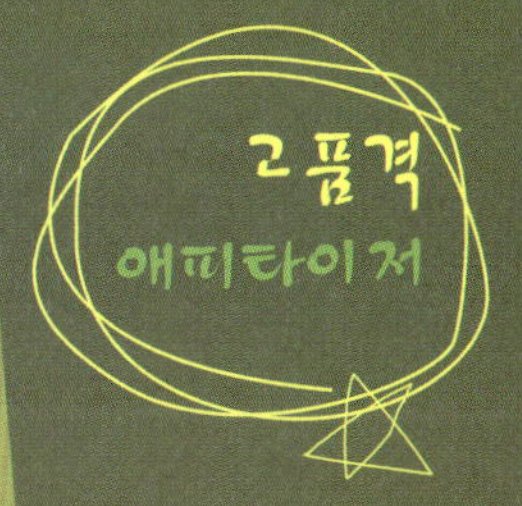

◀ 북새선은도 1

◀ 북새선은도 2

'북새선은도 (北塞宣恩圖)'의 색, 돌 속에서 얻다

현대적인 물감이 나오기 전 우리 조상님들은 채색 안료를 어떻게 만들어 사용했을까? 위 그림은 1655년에 통신사의 수행화원으로 일본에 다녀온 바 있는 한시각이라는 도화서의 '북새선은도' 라는 그림이다. 이 그림은 함경도 길주에서 특별히 실시되었던 문무양과도회시의 장면과 이와 관련된 모든 기록을 담고 있다. 그럼 이 그림 속에 나오는 천연색들은 어떤 안료를 사용하여 그린 것일까?

먼저 성곽 위나 인물의 얼굴을 그릴 때에는 흰색을 표현하기 위해 연백을 사용했다. 주로 백토나 운모, 호분처럼 흰색 암석을 가루로 만든 것이다. 깃발의 면이나 건물 바닥에 채색한 노란색은 일산화연으로 된 광물 황단을 이용했다. 산, 버드나무, 전각의 난간에 사용한 벽녹색은 공작석을 곱게 갈아 사용한 것이다. 관리의 관복이나 팔작지붕의 면 전각기둥, 꽃등에 이용한 붉은색에는 진사를 사용했고 분홍색은 진사에 연백을 섞어 사용했다. 또한 산이나 언덕을 그리거나 무관의 복장에 사용한 청색은 남동석에서 얻은 석청을 사용한 것이 특징이다.

지구의 붉은 배꼽

영화 〈세상의 중심에서 사랑을 외치다〉를 보면, 주인공 아키가 늘 가고 싶어하는 '세상의 중심'이 있다. 지구의 배꼽이라고 불리는 오스트레일리아의 울룰루 산이 바로 그곳. 실제로 울룰루에는 배꼽처럼 튀어나온 듯한 모양의 바위산이 있다. '지구의 배꼽'이라 알려진 울룰루 산의 또 다른 별칭은 바로 '오스트레일리아의 붉은 심장'이다. 산 전체가 불타는 듯한 붉은색을 띠고 있기 때문이다. 사막 한가운데 홀연히 나타나는 해발고도 867미터의 단일 암석. 빨간 꽃은커녕 풀나무도 찾아보기 힘든 바위산이 온통 붉게 보이는 것은 붉은색을 띠는 광물이 바위산을 차지하고 때문이다. 그 광물은 다름이 아니라 바로 산화철이다. 철이 많이 함유된 바위나 흙은 붉은색을 띠고, 이때 산화철 성분이 많으면 많을수록 붉은색이 두드러지게 된다.

산화철이란 쉽게 말하면, 바싹 마른 녹이다. 철은 녹이 슬면 빨갛게 변한다. '녹(rost)'의 어원은 '빨강(rot)'에서 기원한다. 녹슨 철이 주성분인 흙이 붉기 때문에 이런 언어의 파생이 생겼으리라. 붉은 흙의 색은 세월이 지나도 변하지 않지만, 이것으로는 선명한 빨강을 얻을 수 없다. 오히려 주황색에 가까울 뿐이다. 울룰루 산을 인공위성에서 촬영하여 성분별로 사진에 색을 입히면 왼쪽 사진과 같이 나온다. 산 한 덩어리가 모두 파란색으로 착색되는 것을 알 수 있다. 희귀하게 한 덩어리가 다 산화철이라는 이야기다. 특히 울룰루 산의 색은 빛의 양과 시간에 따라 다르게 보인다. 아주 밝은 빨간색으로 보이기도 하고, 주황색이나 갈색으로 보이기도 하기 때문에 사람들에게 신비감을 준다.

▲ 위성에서 관측한 울룰루 산
성분을 분석하면, 산 전체가 한 가지 광물로만 이루어져 한 덩어리가 파랗게 보인다.

◀ 오스트레일리아의 울룰루 산
산화철이 다량으로 함유된 단일 암석으로, 불타는 듯한 붉은색을 띠고 있다.

백악기가 남긴 멋진 풍경

▲ 영국 도버해협의 화이트 클리프

유난히 흰색인 땅은 석회질로 이루어진 곳이다. 공룡에 대해 공부할 때 쥐라기 말고 백악기라는 말을 들어보았을 것이다. 이때 백악은 석회암을 뜻하며, 백악기(Cretaceous Period)는 백악층이 퇴적된 시기를 말한다. 백악은 흰색 내지 담황색을 띠는 연질의 석회암으로, 주로 유공충이라는 작은 바다 미생물의 껍질로 이루어져 있다. 유공충은 따뜻한 바닷물에서 잘 번식하는데 죽은 껍질들이 모여서 때로는 엄청난 두께의 백악층을 형성한다. 영국 남부와 프랑스 노르망디 사이의 도버해협에서 볼 수 있는 흰색 해안 절벽은 백악층이 연출한 멋진 장관 중의 하나이다.

영국 도버의 화이트 클리프(white cliff) 외에도 석회암이 많은 곳은 흰색 절벽이 생긴다. 특히 석회암 지역은 유난히 흰색인 땅과 석회질로 인해 옥색으로 보이는 물이 함께 있어 유명한 관광지가 되곤 한다. 중국의 주자이거우(九寨溝)와 황룽(黃龍)은 중국 정부가 최고 AAAA급으로 정하고 특별히 관리하는 관광지들로 두 군데 모두 석회암과 물이 만든 자연의 걸작품으로 인정받는 곳이다. 한자로 풀어보았을 때 '아홉 개의 성 주위를 둘러 판 못'을 의미하는 주자이거우는 마치 세상의 모든 옥을 거둬놓은 듯한 옥빛 물색으로 유명하다. 이 오묘한 빛깔의 물빛은 석회암 지역에서 빠져나온 탄산칼슘이 물에 녹아서 생긴 것이다.

'오색영롱한 연못'이라는 뜻을 지닌 황룽은 크고 작은 연못이 군락으로 이뤄진 관광지이다.

◀ 여러 가지 물의 색으로 유명한 주자이거우.
빙하가 녹은 물과 석회암층이 만나
신비로운 물빛을 보여준다.

황룽의 수십 개 연못 군락 중 가장 아름답다고 꼽
히는 곳은 꼭대기에 자리한 오채지(伍彩池)이다.
오채지가 생긴 과정은 다음과 같다. 녹은 빙하
가 이곳으로 흘러내리다가 땅 속으로 들어가
석회 성분을 머금은 뒤 다시 땅 위로 솟으면,
빙하 물은 옥빛을 띠고 석회 성분은 누런 성분
을 띠면서 연노란색 바탕에 옥빛 물이 있는 호수가 생긴다. 오채지의 둥
근 목욕탕 모양은 석회암이 다시 석출되는 과정 때문에 생긴 것이다. 날이 추우면 물질의 용
해도가 작아지고, 빙하가 얼면서 수량이 크게 줄어들기 때문에 이곳에 넓게 석회 성분이 쌓
이게 된다. 이때 낙엽이나 나뭇가지를 중심으로 누런 석회가 달라붙으면서 쌓여 높은 둑을
형성한다. 다시 계절이 바뀌어 날이 더워지면 다시 빙하가 녹아 흐르므로 이미 둑이 된 곳에
물이 가득 담긴 후 넘치고, 이 물은 다시 흘러가면서 같은 과정을 되풀이한다. 수만년 동안 이
런 과정을 통해 장관이 만들어진 것이다.

▲ 초록색의 황룽 오채지. 둥글게 굳은 석회암 때문에 계단
식으로 꾸며진 목욕탕처럼 보인다.

▲ 중국 최고의 관광지 오채지. 빙하가 녹은 물이 땅속으로
들어갔다가 석회암 성분을 녹여 나오면 석회암은 주변에 누
런 흰색으로 쌓이고, 물은 옥색, 녹색, 연두색, 파란색 등 다
양한 색으로 나타난다. 물의 깊이, 햇빛의 양, 날씨에 따라
다채로운 색이 펼쳐진다.

3. 오색찬란한 보석

보석은 돌이다. 그러나 아름다운 결정체이다. 만일 인간이 아름다운 돌에 이토록 매혹되지 않았다면 인류의 역사는 많은 부분 달라지지 않았을까. 인간들의 소유욕에 불을 지핀 형형색색의 보석. 인간들이 돌 속에 깃든 색에 사로잡힌 이유는 무엇일까? 그리고 보석은 어떻게 탄생하게 된 것일까? 인간들의 눈을 멀게 하는 보석, 그 기원을 따라가 보자.

생물은 죽어서 탄소를 남기고

흙의 색이 검정색인 곳은 식물이나 동물이 죽어서 생긴 탄소 때문이다. 식물이나 동물이 죽어서 묻힌 후 주변의 온도와 압력이 올라가면 수소와 산소는 빠져나가고 탄소만 주로 남게 되는데 이것이 숯의 색, 검정색이다. 이중에서 탄소의 성분이 전체의 80~90퍼센트에 이르면 석탄이 된다. 탄소의 함량이 높아질수록 갈탄-역청탄-무연탄 순으로 불린다. 연탄의 주재료가 되는 것은 무연탄이다. 숲이 우거진 산의 토양은 이런 탄소 성분이 많아 대개 검은 색을 띤다. 탄소가 많이 들어 있는 흙이 검은 색을 띤다면 탄소로 이루어진 광물은 어떤 색을 띨까? 탄소로 이루어진 광물의 대표적인 것은 흑연과 다이아몬드를 들 수 있다. 이들의 색을 보면 흑연은 역시 검다. 그러나 다이아몬드는 투명하다. 어떻게 검은 데서 투명한 것이 나올 수 있을까?

구조가 달라도 한참 달라

다이아몬드 하면 보석이 제일 먼저 떠오를 것이다. 보석은 '귀한 돌'이란 뜻이다. 사람들은 광물 중에서 아름다운 색을 띠면서, 변하지 않는 견고함을 지니고 있고, 그중에서도 산출량이 적어 구하기 어려운 광물을 보석이라 부른다.

다이아몬드는 투명하며 매우 단단하다. 하지만 흑연은 까맣고 잘 부서진다. 둘 다 탄소로 이루어져 있는데, 왜 이렇게 다른 걸까? 같은 탄소인데 어떤 것은 영원을 맹세하는 보석이 되고, 어떤 것은 연필심으로나 쓰이고 있다. 이 둘의 운명을 바꾸어 놓은 것은 과연 무엇일까?

그 이유는 구조 때문이다. 다이아몬드는 그림처럼 탄소원자들이 단단하게 결합되어 있는 반면, 흑연은 납작한 판이 여러 개 겹쳐 있는 형태로 존재한다. 그래서 흑연은 이 판 사이의 결합이 약해서 잘 부서진다. 구조가 다르다 보니 흡수하는 빛의 형태도 다르다. 다이아몬드는 모든 가시광선을 통과시키고 자외선을 흡수하기 때문에 투명하다. 하지만 흑연은 판과 판 사이에 자유롭게 돌아다니는 전자가 가시광선을 모두 흡수하기 때문에 검은색을 띠게 된다.

▲ 다이아몬드의 구조

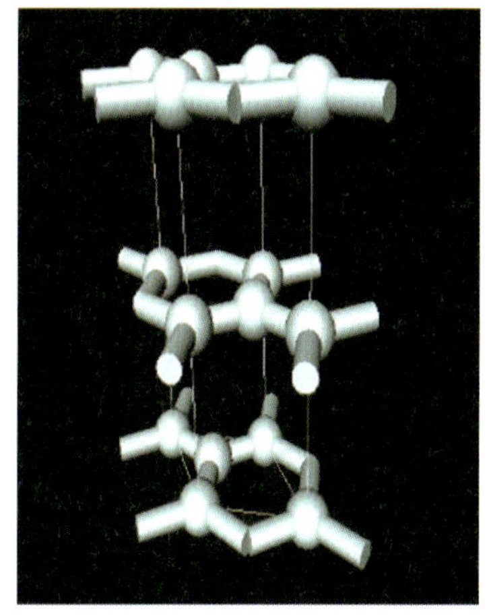

▲ 흑연의 구조

금이 금색인 이유

다이아몬드 다음으로 사람들이 귀하게 여기는 보석은 금일 것이다. 금이 노란색을 나타내는 이유는 파란색 계통의 빛이 금에 깊숙이 침투하는 반면, 노란색 계통의 빛은 흡수한 직후에 바로 내보내지기 때문이다. 금이 누렇게 반짝거리는 것은 이 때문이다.

금은 연성과 전성이 매우 좋아 금박을 매우 얇게 펼 수 있기 때문에 10돈의 금으로 1000cc 오토바이 한 대를 다 금박으로 장식할 수 있다. 또한 아주 얇게 펴서 금박을 통해 반대쪽이 보일 정도가 되면 주로 파란색 계통의 빛이 통과하므로 푸른색으로 보인다. 만일 두께가 100나노미터 이하가 되면 금은 옅은 청록색의 투명한 물질로 보인다. 그러나 금 입자의 크기가 10나노미터 정도 크기인 콜로이드 용액을 만들면 매우 붉은 색을 띤다.

그래서 예전부터 유리세공사들은 금을 유리에 적절히 섞어 '골드루비 글래스(gold rubby glass)'라는 빨간 유리제품을 만들기도 했다. 금이 섞인 유리가 빨간색으로 보이는 것은 금 입자가 작아서 빛의 산란이 일어나기 때문이다.

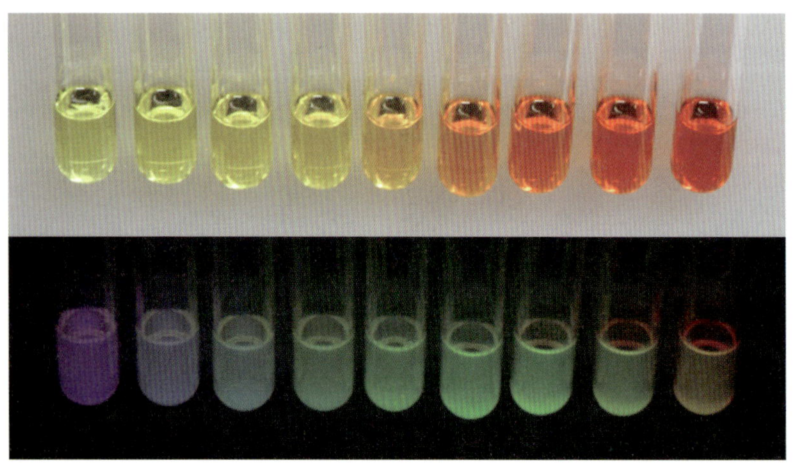

◀ 위 사진은 금 콜로이드의 여러 가지 색이며, 아래 사진은 여기에 자외선을 쏘였을 때 나타나는 색이다.

▼ 골드루비 글래스

반짝인다고 모두 금은 아니다

'바보들의 금(fool's gold)'이라고 불리는 광물이 있으니, 바로 황철석이다. 가공하기 전 자연 상태의 금과 비교하면 어떤 게 금이고 어떤 게 황철석인지 가늠하기 어려울 정도로 둘은 비슷하게 생겼다. 지구상에 대단히 많은 황철석은 색이 금과 비슷한 데다 다른 돌에 비해 눈에 띌 만큼 육면체의 결정 모양이 그대로 드러나서 이것을 금으로 착각하는 사람이 많았다고 한다. 그래서 사람들은 황철석을 '바보들의 금'이라고 불렀다.

하지만 금과 황철석을 구분하는 건 사실 어렵지 않다. 이로 깨물어 보기만 해도 쉽게 알 수 있다. 나이든 어르신들이 금반지를 괜히 깨물어 보는 게 아니다. 그런데 이런 원시적인 방법 말고 좀 더 점잖은 방법은 없을까? 있다. 바로 '조흔색'이다.

겉에서 보이는 색이 광물의 색이라면, '조흔색'은 초벌구이한 도자기 판에 긁었을 때 나오는 가루의 색이다. 겉보기 색이 같은 광물이어도 가루의 색은 다르게 나오는데 그 대표적인 예가 금과 황철석이다. 황철석은 겉보기에 꼭 금처럼 누렇게 반짝거리지만 가루를 내면 색이 다르다. 금은 도자기판에 긁어도 금색이 그대로 나타나지만 황철석 가루는 검은색으로 나타난다.

▲ 금(위)과 황철석(아래)
금과 황철석은 결정 모양이 매우 비슷해서 일반인이 구별하기 어렵지만, '조흔색'으로 구별할 수 있다.

금속의 광택은 어떻게 생길까?

금은 푸른색 빛을 흡수해서 노랗게 보이고, 은은 모든 빛을 반사해서 하얗게 보인다. 그런데 금빛을 그냥 노란색, 흰색이라고 하기에는 좀 다른 느낌을 준다. 그 이유는 금속의 광택 때문이다. 그러면 금속의 광택은 어떻게 생기는 것일까?

금속은 가시광선의 대부분을 흡수하고 흡수한 강도만큼 다시 내보낸다. 그래서 금속은 불투명하면서도 매우 반짝거린다. 즉 광택이 있다. 종이 표면처럼 표면에서 빛이 무질서하게 반사되면 '광택'이 없지만, 잘 닦은 가구나 금속 표면이 거울처럼 반사될 때는 '광택'이 있다고 한다. 이 광택(반사)에도 두 가지가 있다. 하나는 플라스틱, 수면, 유리에서 일어나는 반사이고, 하나는 금속에서 일어나는 반사이다. 전자는 광택, 후자는 금속광택으로 세분하여 말할 수 있다.

금속광택은 일반적인 광택에 비해 더 반짝거리는 특징이 있다. 그 이유는 빛의 편광성 때문이다. 유리거울은 유리 표면에 알루미늄을 붙인 것이다. 빛은 유리 표면과 알루미늄의 두 변에서 반사되므로 낮은 각도에서 바라보면 상이 이중으로 보인다. 또 거울에 낮은 각도로 입사되는 빛 중에서 경계면에 대하여 수직으로 진동하는 빛은 내부로 들어가지 않고 반사되기 때문에 반사광은 편광된다. 따라서 편광 선글라스 등으로 유리거울을 보면 유리 표면의 반사광이 사라지거나 어두워진다.

금속의 경우에는 금속에 자유 전자가 있어 빛의 진동 방향에 관계없이 모두 빛을 흡수했다가 곧바로 다시 내보내므로 편광되지 않고, 매우 밝은 빛을 나타낸다.

만일 자동차 운전할 때 편광 선글라스를 쓰면 물웅덩이나, 자동차 표면에서 반사된 빛은 차단되어 시야가 쾌적해진다. 하지만 이런 선글라스를 써도 자동차 금속 부분의 반사는 차단되지 않는다.

다이아몬드는 모두 무색일까?

다이아몬드라고 무색 투명하기만 한 것은 아니다. 블루 다이아몬드처럼 특정한 색을 띠기도 한다. 블루 다이아몬드에는 탄소 대신에, 탄소보다 전자가 부족한 붕소가 들어 있다. 색깔을 내는 것은 바로 이 '불순물'이다. 이 불순물은 전자가 부족하므로 붉은색 빛을 흡수하고, 그래서 보석은 파란색 빛깔을 나타내게 된다. 그러나 탄소 대신에 질소가 들어가면 다이아몬드는 노란색이 된다. 질소는 탄소보다 전자가 더 많기 때문에 이로 인해 파란색 빛을 흡수할 수 있는 것이다. 이 때문에 다이아몬드는 노란색으로 보인다.

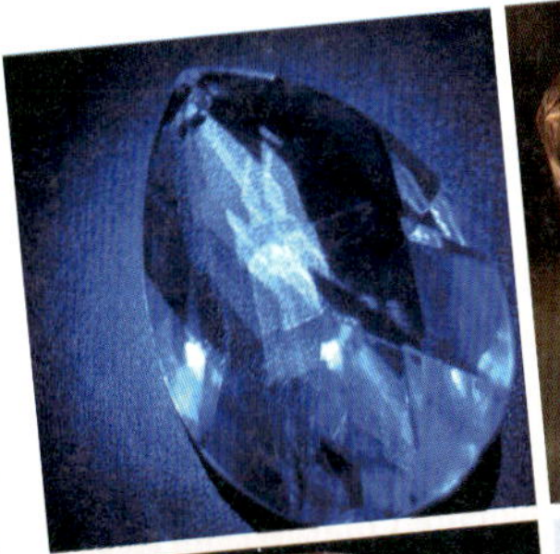

색깔이 있는 다이아몬드는 매우 희귀해서 그 값이 매우 비싸다. 특히 파란 다이아몬드는 탄소 100만 개 중 하나가 붕소로 바뀐 것이고, 노란 다이아몬드는 10만 개 중 하나가 질소로 바뀐 것이어서 파란 다이아몬드가 더 귀하고 비싸다. 굉장히 희귀한 분홍빛 다이아몬드도 있다. 이 다이아몬드는 불순물에 의해서 나타난다는 사실 외에 자세한 원인은 밝혀지지 않고 있다. 투명한 다이아몬드에 강한 자외선을 쏘이면 구조가 변화해 색이 나타나기도 한다.

루비와 사파이어 이야기

보석의 색을 다룰 때 루비와 사파이어를 빼면 그 화려함을 잃는다. 루비는 빨간색, 사파이어는 파란색이다. 완전히 다른 물질인 것처럼 보이지만, 사실 두 보석의 대부분의 성분은 '알루미나(Al_2O_3)'로 같다. 불순물 없이 알루미나만 있으면 이를 '강옥(corundum)'이라고 한다.

강옥은 절연체이고 하얀색이지만, 여기에 불순물이 들어가면 가시광선이 흡수되면서 색깔이 나타난다. 크롬(Cr)이 들어가면 파란색 빛을 흡수하고, 붉은색은 통과시키므로 빨간색이 나타난다. 이것이 루비다. 크롬의 함량이 많으면 빨간색, 그리고 함량이 낮으면 회색, 초록색 등을 나타낸다.

반대로 티타늄(Ti)과 철(Fe)이 들어가면 빨간색 빛을 흡수하는 반면, 파란색은 통과시키므로 파란색이 나타난다. 이것이 사파이어이다. 티타늄만 들어 있는 강옥은 노란색을 나타낸다. 일반적으로 빨간색이 아닌 강옥을 모두 사파이어라고 하고 그중 파란색인 것을 블루 사파이어라고 부른다.

▲ 루비는 크롬의 함량이 많아 빨간색 빛을 나타낸다.

블루 사파이어 ▶
그리스어에서는 사파이어를 사페이로스(sappheiros)라 지칭하며,
라틴어에서는 사피루스(saphirus)라 부른다.
둘 다 모두 파란색을 뜻한다.

에메랄드 이야기

루비와 사파이어가 나왔는데 에메랄드가 빠지면 섭섭할 것이다. 에메랄드와 루비는 색이 매우 다르다. 에메랄드는 진한 초록색이고 루비는 아주 붉은 색이다. 그런데 둘 사이에는 공통점이 있다. 두 보석 다 불순물에 의해서 색이 나타나며 그 불순물이 둘 다 크롬(Cr)이라는 사실이다. 에메랄드는 '녹주석(beryl)'이라는 광물로, 주로 흰색이나 무색이다. 약간 푸르스름한 색을 나타내는 것도 있는데 이것은 크롬 대신 철이 들어간 것으로 '아쿠아마린(aquamarine)'이라고 한다. 에메랄드보다 훨씬 싼 값에 팔린다. 불순물이 들어가 진한 초록색을 나타내는 에메랄드는 구하기가 매우 어려워 그 값이 무척 비싸다. 에메랄드(Emerald)의 어원은 '스마라그도스(smaragdos)'이며, 이는 '매우 밝은 초록색의 귀한 보석'이라는 뜻을 지니고 있다.

그런데 에메랄드도 루비처럼 크롬이 불순물로 들어가는데 왜 색은 다르게 나타날까? 그 이유는 불순물이 들어간 광물의 구조가 다르기 때문이다. 루비는 주로 알루미늄과 산소로 이루어진 물질에 크롬이 들어가는 것이고, 에메랄드는 베릴륨, 알루미늄, 실리콘, 산소로 이루어진 물질에 크롬이 들어가는 것이기 때문에 흡수하는 빛의 영역이 다르다.

에메랄드, 루비, 사파이어와 같이 불순물로 인해 색이 나타나는 보석은 1900년대 초반부터 합성되기 시작했다. 합성 방법은 간단하다. 무색의 원래 광물을 가루로 만든 후 불순물을 섞어 고온에서 다시 천천히 식혀 결정을 만드는 것이다. 합성한 루비, 사파이어, 에메랄드는 일반인이 보면 거의 구분할 수 없는 정도이며, 합성인 만큼 당연히 원하는 크기로 만들 수 있다.

에메랄드 ▶
흰색의 녹주석 사이에 크롬이 들어가 진한 녹색의 에메랄드로 변했다.

03 맛깔스러운 식물의 색

1 지구를 먹여 살리는 초록 / **2** 오매, 단풍 들것네
3 입맛 당기는 신선한 색소 퍼레이드 / **4** 일일 조리사, 나의 하루

바람에 초록색 잎사귀가 흔들리는 나무와 화사하기 이를 데 없는 꽃을 바라보며 싱그러움을 느끼지 않는 이가 누구일까? 온갖 과일과 채소들은 다채로운 색으로 우리의 시각적 욕구를 충족시켜주기도 하지만, 우리의 식욕 또한 상큼하고 정갈하게 달래준다. 초록색이 '생동감'과 '생명'을 연상시키는 것은 아마도 실제 식물들의 광합성 활동이 지구 생명체들의 생명을 유지시켜주기 때문일 것이다. 자, 이제부터 지구 생명의 근원인 식물의 정체를 밝혀 보자.

1. 지구를 먹여 살리는 초록

초록색이 사라진다면 동물은 물론 인간들도 살아남지 못할 것이다. 녹색으로 대표되는 식물은 먹이 사슬의 가장 밑바닥에서 우리가 내놓는 이산화탄소를 소비하면서 끊임없이 산소를 공급하고, 동물들의 귀중한 양분이 되고 있다. 수많은 생명을 부지런히 먹여 살리며 생태계를 유지하는 일등 공신 녹색 식물. 왜 식물들의 상당수가 초록색인지 그 이유를 찾아보자.

원하는 빛만 사용한다

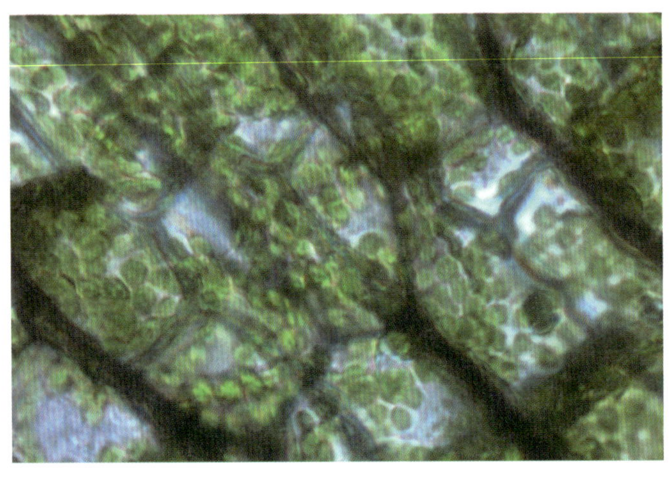

▲ 엽록체

집안 식구를 먹여 살리기 위해 매일 직장에 나가 힘든 일을 하는 부모님들을 떠올려 보라. 몇 명 안 되는 식구를 먹여 살리는 것도 어려운데 지구상의 모든 생물을 먹여 살리는 일은 얼마나 어려울까? 이렇게 어려운 일을 도맡아 하고 있는 존재가 바로 녹색식물이다. 지구에 사는 모든 생물의 부모와 다름없는 녹색식물은 태양으로부터 온 빛에너지를 생물들이 이용할 수 있는 형태로 만들어준다. 이 과정은 식물의 잎에 들어 있는 엽록체라는 곳에서 일어난다. 이곳에서는 잎의 기공으로부터 흡수한 이산화탄소와 뿌리에서 흡수한 물을 재료로 삼고 빛에너지를 연료로 삼아 포도당을 만들어낸다. 이 과정을 '빛으로 새로운 물질을 합성해낸다'는 뜻을 담아 '광합성'이라고 한다.

그럼 광합성을 하는데 필요한 물질의 양은 얼마나 될까? 러시아계 미국의 생화학자 라노비치에 의하면 지구 상의 녹색식물은 공기 중의 이산화탄소로부터 연간 1조 5,000톤의 탄소와 2,500억 톤의 수소를 결합시키고 4조 톤의 산소를 방출한다고 한다. 이 엄청난 작업 중 지구

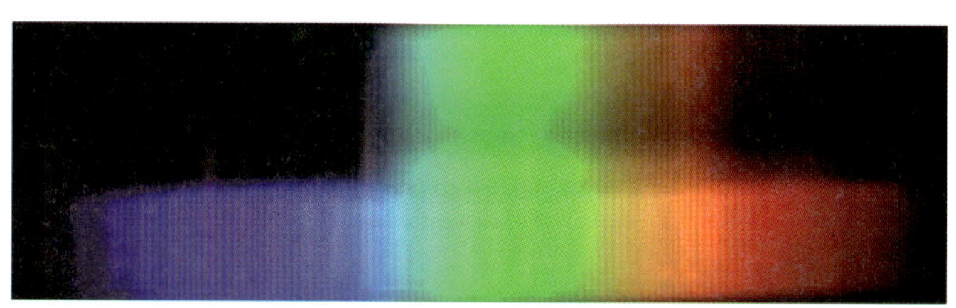

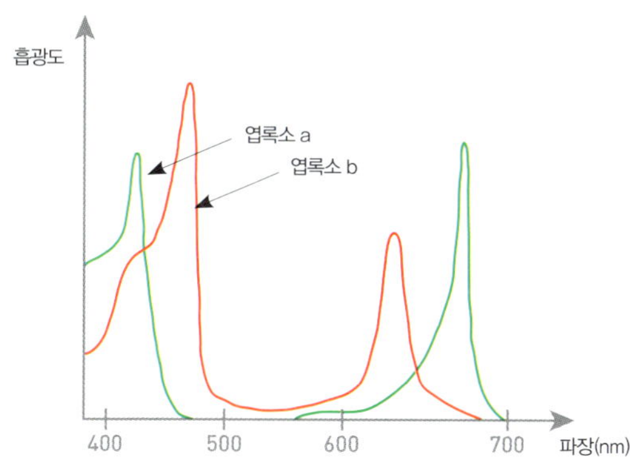

상의 숲과 들에 있는 식물이 생산한 에너지는 불과 10퍼센트에 불과하다. 나머지 90퍼센트는 단세포 식물이나 해초가 만들어낸다.

그럼 이런 사실이 식물이 녹색으로 보이는 것과 무슨 상관이 있는 것일까? 식물의 광합성이 일어나는 곳은 잎의 엽록체 속에 들어 있는 엽록소이다. 엽록소에서는 태양에너지 중에 필요한 빛을 받아들여 광합성에 이용한다. 빛은 파장에 따라 색깔이 다르게 보이는데 엽록체에서는 광합성에 필요한 빛만 흡수해 이용하고 나머지 빛은 그대로 내보낸다. 즉 태양에서 온 빛 중에서 파란색과 붉은색 계열의 빛만 이용하고 녹색은 다시 내보낸다. 그래서 식물의 잎은 녹색으로 보이게 되는 것이다.

더 자세히 엽록소 종류별로 흡수하는 빛의 파장을 알아본다면 그래프에서 보는 바와 같이 엽록소는 붉은색과 파란색, 보라색 빛은 흡수하여 사용하고, 남은 초록색 영역은 반사한다. 그래서 식물이 초록색으로 보이는 것이다. 엽록소에는 a, b 두 가지가 있는데, 그중 엽록소 a는 엽록소 b보다 빛을 더 많이 흡수해서 광합성에 더 중요한 역할을 한다. 우리가 좋아하는 초록색이 식물에게는 불필요한 것이라니 정말 다행한 일이다.

빛나는 조연, 마그네슘

▲ 마그네슘이 부족하면 잎이 누렇게 변한다.

그런데 엽록소는 어떻게 빛의 파장을 알아낼까? 그 속에 프리즘이라도 숨기고 있는 것일까? 우리는 엽록소의 구조에서 그 답을 얻을 수 있다. 엽록소의 구조를 보면 여러 원자로 이루어진 고리 한가운데에 마그네슘이 들어가 있는 것을 알 수 있다. 마그네슘이 있기 때문에 초록색 파장만 내보내고 다른 파장의 빛은 흡수하는 것이다. 따라서 마그네슘이 없다면, 초록색 파장마저 흡수해버리므로 잎의 색은 바래게 된다.

식물은 땅에서 마그네슘을 흡수하고, 엽록소의 구성성분으로 이용한다. 시금치와 같이 초록색이 짙은 식물일수록 마그네슘의 함량이 높다. 만일 마그네슘이 부족하다면 엽록소가 제대로 생성되지 못하고, 식물의 잎은 전체적으로 누렇게 변하여 광합성량이 줄어들게 된다. 보통 오래된 잎이나, 부실한 토양에서 자라는 식물이 누렇게 바랜 것은 이 때문이다.

그러면 녹색식물에 초록색 빛만 쪼이면 식물은 어떻게 될까? 이 짓궂은 장난은 식물을 죽음에 이르게 한다. 만일 초록색 빛만 쪼여준다면, 흡수할 수 있는 파장의 빛이 절대적으로 부족하므로 마치 암실에 넣어 놓은 것처럼 식물들은 곧 시들시들해지고 만다.

마그네슘은 산성을 좋아해

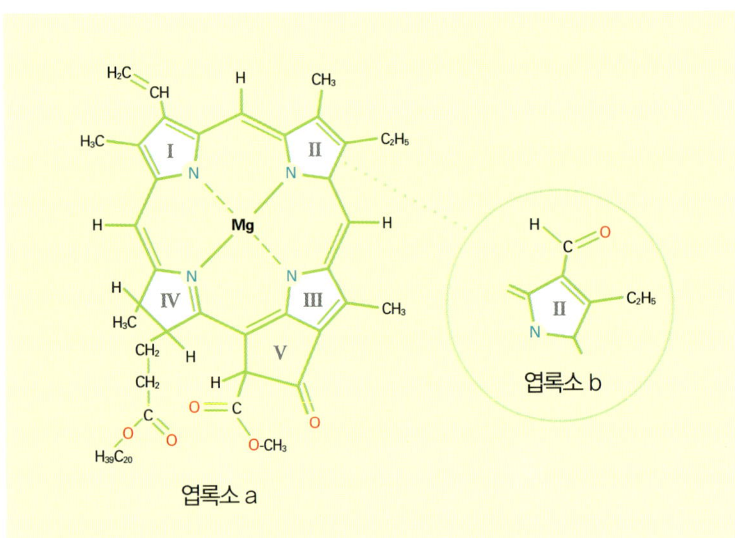

식물의 잎이나 열매에 들어 있는 엽록소의 마그네슘은 빼낼 수도 있고 보존할 수도 있다. 그 방법은 의외로 간단하다. 오이를 가지고 그 비결을 공개하면 다음과 같다.

오이 피클은 오이처럼 선명한 초록색이 아니다. 초록색을 띠던 생오이는 왜 이렇게 다른 색으로 변하는 것일까? 선명하던 엽록소는 어디로 가고 바랜 색만 남게 된 것일까? 그것은 바로 피클을 만들 때 식초를 넣기 때문이다.

식초를 넣으면 엽록소 안에 있는 마그네슘이 빠져나간다. 마그네슘은 산과 잘 반응해서 이온이 되기 때문이다. 그래서 마그네슘을 빼앗긴 엽록소는 생기를 잃은 것처럼 바랜 색이 되는 것이다. 엽록소는 안정하지 않은 물질이라서 산이나 알칼리, 열, 온도에 의해 쉽게 파괴된다. 그래서 초록색 야채를 데칠 때는 재빨리 해야 한다. 그래야 맛과 색, 질감을 모두 살릴 수 있다. 브로콜리를 새파랗게 데치려면 소다를 조금 넣으면 된다. 알칼리 성분과 엽록소가 서로 반응하면, 엽록소의 구조가 조금 바뀌어서 더욱 새파란 색을 나타내기 때문이다. 하지만 소다를 넣었다 해도 오랫동안 가열하면 구조가 모두 달라지므로 아무 소용이 없다.

초록색 잎은
정말 녹말을 만들어낼까?

초록색 잎이 광합성을 통해 녹말을 만드는지 알아보려면 간단하게 실험해 보면 된다.
아래의 그림처럼 빛을 충분히 받은 나뭇잎의 일부분을 펀치로 잘라내 끓는 물에 1분간 넣었다
뺀 후, 잎 조각을 알코올에 넣고 물중탕으로 끓이면 초록색을 띠던 잎 조각이 하얗게 변한다.
이 잎조각에 요오드 용액을 떨어뜨려 보자. 그러면 잎 조각이 짙은 남색으로 변하는 것을 알
수 있다. 즉 광합성을 통해 잎에 녹말이 만들어진 것이다. 참고로 요오드 용액은 녹말을 만나
게 될 때 짙은 남색이 된다.

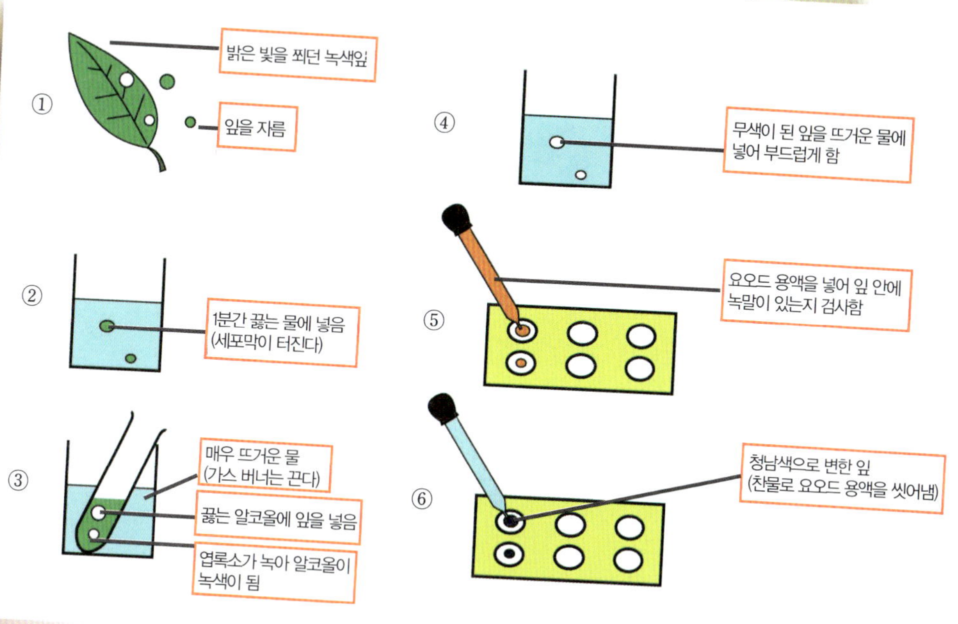

식물의 색은 녹색이 전부가 아니다

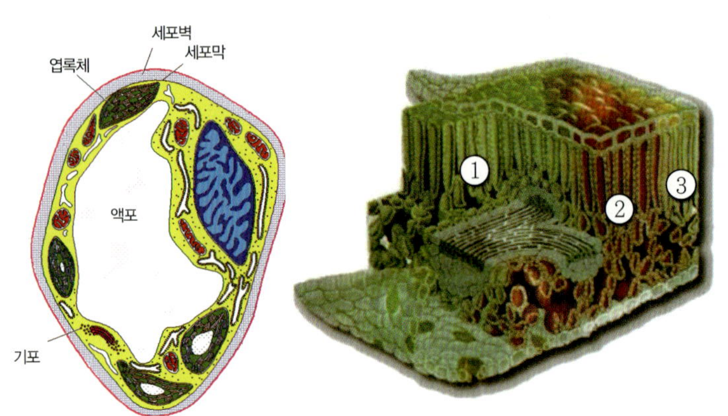

▲ 식물세포 속의 색소는 액포와 엽록체에 들어 있다(왼쪽).

식물의 색은 녹색이 가장 많지만 모두 녹색인 것은 아니다. 같은 풀이어도 줄기가 초록색인 것도 있고 붉은색인 것도 있다. 꽃의 색도 모두 다 제각각이다. 우리가 먹는 브로콜리는 잎이 아니라 꽃이며, 알다시피 초록색이다. 브로콜리와 비슷한 컬리플라워는 흰색, 노란색, 보라색 등 다양한 색을 지닌다. 같은 종류인데도 여러 가지 색깔을 지닌 것도 있다. 감자, 양파, 피망은 종류에 따라 색깔이 모두 다르다. 왜 그럴까?

먼 곳에서 이유를 찾을 필요가 없다. 식물마다 다양한 색을 띠는 것은 식물이 지닌 색소와 관련이 깊다. 즉, 식물 안의 색소가 가시광선 영역의 빛을 어떻게 사용하느냐에 따라 매우 달라진다. 식물의 색소는 여러 가지이다. 그림에서 ①은 엽록소, ②는 안토시아닌, ③은 카로틴이다. 엽록소는 초록색, 카로틴은 노란색이나 주황색, 안토시아닌은 보라색이나 붉은 자주색을 나타낸다. 각 색소는 있는 장소도 다르고 성질도 다르며, 색소들이 각각 흡수하는 빛의 파장도 다르기 때문에 나타나는 색이 모두 다르다.

컬리플라워는 초록색뿐 아니라 흰색, 노란색, 보라색도 띤다.

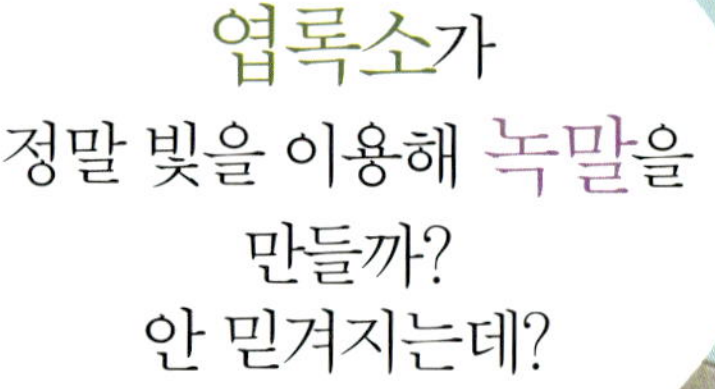
엽록소가
정말 빛을 이용해 녹말을
만들까?
안 믿겨지는데?

가서 빛 좀 더
가져와 봐

이 사람은
여러 번 얘기를 해도
통 믿지를 않는다니까!
이참에 확실히 눈으로 보라고~
뜨거운 물에 데고 나서
뒤늦게 후회를 해도 소용 없으니까
특히 화상 주의!

빛을 이용해 녹말을 만드는 엽록소

준비물

녹색식물, 은박지, 클립, 알코올,
요오드-요오드화칼륨 수용액, 물
중탕 장치

중요!

▲ 검은 종이로 가리지 않은 부분은 녹말 생
성으로 인해 가린 부분에 비해 색이 짙다.

실험 과정

1 잎의 일부를 은박지로 가리고 하루
정도 둔다.

2 잎을 따서 끓는 물에 1분 정도 넣었
다 뺀다.

3 다시 물중탕으로 뜨거운 알코올에
담근다(반드시 물중탕을 한다). 그 다
음 알코올에서 잎을 꺼내어 미지근한
물에 잠시 담가 부드럽게 한다.

4 잎을 요오드-요오드화칼륨 수용액
에 담근다. 그 다음 찬 물로 한번 세
척하여 남은 요오드-요오드화칼륨
수용액을 닦아낸다.

실험 결과

빛을 가려 빛을 못 받은 쪽에 비해 빛을 흡수한 쪽에 녹말이 많이 생성된 것을
알 수 있다. 따라서 엽록소는 빛이 있어야 녹말을 만들 수 있음을 알 수 있다.

2. 오매, 단풍 들것네

"장광에 골 붉은 감잎 날아오아 / 누이는 놀란 듯이 치어다보며 / 오매, 단풍 들것네." 누이의 마음을 물들인 붉은색 감잎, 그리고 누이를 훔쳐보는 나의 마음이 잘 나타난 김영랑의 시 일부다. 일년 내내 푸른색 지조를 지키는 상록수들과 다르게, 가을이면 옷을 갈아입고 산천을 곱게 물들이는 단풍나무들. 바라보는 이의 마음까지 물들여 설레게 만드는 단풍의 정체를 밝혀 보자.

나무도 겨울잠을 잔다

단풍은 왜 생기는 걸까? 단풍은 낙엽수가 겨울을 나기 위한 처절한 고민의 결과이다. 나무는 광합성을 통해 양분을 만들어 살아가는데, 광합성에는 햇빛, 물, 이산화탄소 등이 필요하다. 하지만 겨울에는 온도가 낮고 물이 부족해 광합성을 제대로 할 수가 없다. 그래서 나무는 여름 한철 잎을 무성히 피우고, 광합성을 통해 부지런히 양분을 축적한 뒤 겨울잠을 잔다. 나무가 잎을 단 채 겨울을 난다면, 가뜩이나 부족한 수분이 잎의 기공을 통해 빠져나가고, 그 과정에서 얼어 죽을 수도 있다. 결국 나무는 잎을 모두 떨어뜨려야만 겨울을 무사히 넘길 수 있는 것이다.

나무는 낙엽을 만들기 위해 기공을 모두 닫고, 떨켜층을 만들어 잎에 공급되는 수분을 차단한다. 떨켜는 잎 꼭지가 가지에 붙은 부위에 형성된다. 나뭇잎은 기공이 막혀 이산화탄소도 부족하고 떨켜 때문에 물을 공급받지도 못하지만 일정 시점까지 계속 햇빛을 받아 광합성을 한다. 이때 광합성으로 만들어진 양분은 떨켜에 막혀 줄기로 가지 못한 채 잎에 남게 된다. 잎에 양분이 쌓이면 산성도가 높아지면서 엽록소가 파괴되고 엽록소에 가려 여름내 보이지 않던 노란 색소 카로틴과 크산토필이 대신 나타나게 된다. 그리고 붉은 계통 색소인 안토시아닌도 생성된다. 이렇게 만들어진 것이 노란 은행잎, 빨간 단풍이다. 초록이 서서히 물러가면서 알록달록하고 화려한 단풍이 때를 만나게 되는 것이다.

가을이 되면 잎 속의 색소인 카로틴, 크산토필, 안토시아닌이 나타나 나뭇잎이 노랗고 붉게 물든다.

단풍, 그 화려함의 진수

단풍의 색깔을 자세히 관찰하면 나무에 따라 색깔이 다를 뿐만 아니라 같은 나무라도 잎 하나하나의 색깔이 조금씩 다르다는 것을 알 수 있다. 나무의 종류에 따라 단풍의 색은 천차만별이다.

식물마다 붉은색, 노란색, 갈색 등 색소 성분의 함유량이 서로 다르기 때문에 빛깔이 다르게 나타난다. 카로틴은 밝은 오렌지색, 크산토필은 노란색에서 오렌지색 계열, 안토시아닌은 핑크, 빨강, 자줏빛 등의 붉은색 계열로 이들의 조합이 다양한 색을 만들어내는 것이다. 안토시아닌은 광합성으로 생긴 당이 많을수록 생성이 촉진되며, 노란색보다 햇빛 등 날씨의 영향을 많이 받는다. 늦가을에 절정을 이루는 밝은 갈색 잎에는 카로틴 외에도 탄닌이라는 색소가 들어 있다.

▲ 붉은색 : 단풍나무, 신나무, 옻나무, 붉나무, 화살나무, 복자기, 담쟁이덩굴 등
▲ 노란색 : 은행나무, 아까시나무, 피나무, 호두나무, 목백합, 생강나무, 자작나무, 물푸레나무 등
▲ 밝은 갈색 : 참나무, 너도밤나무, 느티나무, 참고로쇠, 우산고로쇠 등

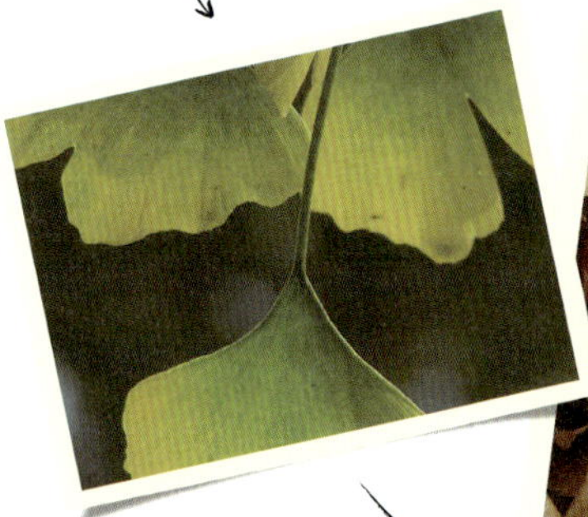

▲ 붉게 물든 화살나무

작전 개시! 산천을 물들여라!

사람들은 단풍을 보고 가을이 왔음을 안다. 그런데 나무들은 가을이 왔다는 것을 어떻게 아는 것일까? 약속이라도 한 듯 일제히 옷을 갈아입는 걸 보면, 누군가 나무들에게 신호라도 해주는 것은 아닐까?

식물은 낮의 길이와 기온을 감지하여 반응한다. 낮의 길이가 짧아져 일조량이 적어지고 기온이 떨어지면 식물은 잎을 떨어뜨리면서 월동 준비에 들어간다. 예컨대 가로등이 비치는 곳에 자리한 은행나무의 가로수 잎은 단풍이 늦게 든다.

기온도 낙엽에 큰 영향을 미친다. 밖에서 떡갈나무는 가을이 되면 낙엽이 되지만 온실에서는 그렇지 않다. 우리나라에서 단풍은 북쪽의 설악산·오대산·치악산이 먼저 물들고, 뒤이어 속리산·내장산·지리산 등 남쪽 지역이 뒤를 잇는데, 이는 단풍은 일조량이 많고 기온이 높을수록 늦기 때문이다. 또 우리나라 단풍이 세계 최고인 이유는 가을에 밤낮의 온도 차가 그리 크지 않고, 기온이 서서히 내려가면서 겨울이 되므로 안토시아닌 생성에 적합하기 때문이다. 반대로 유럽의 단풍이 곱지 않은 것은 밤낮의 온도 차가 매우 심해서 그렇다.

그렇다면 잎사귀들은 어떻게 환경의 변화를 감지하는 것일까? 나뭇잎이 변화하는 자연 환경을 감지하고 반응하는 데는 여러 가지 호르몬이 관여한다. 빛에 반응하는 색소 단백질인 피토크롬, 에틸렌, 아브시스산 등의 호르몬이 바로 그것이다.

사과는 왜 빨개지나

가을이 되면 사과에는 당의 함량이 높아지고 껍질 부분에 붉은 색소(안토시아닌)가 많아져 붉게 변한다. 이때 단맛이 세지고, 유기산이 줄어드는 등 단맛과 신맛이 조화를 이루어 사과 고유의 맛을 내게 된다.

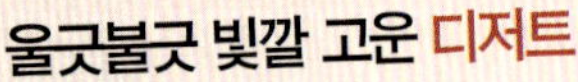

검정색 식물이 없는 이유

식물 안에는 엽록소 외에도 카로틴, 안토시아닌 등 다양한 색소가 공존하고 있다. 식물의 색은 식물이 가시광선 영역의 빛을 어떻게 사용하느냐에 따라 달라진다. 식물 안에서 빛을 사용하는 물질은 색소인데, 이들 색소들이 흡수하는 빛의 파장에 따라 색이 다르게 나타나는 것이다. 오른쪽 페이지의 그래프는 빛의 파장에 따라 다른 흡수율을 나타내고 있다. 엽록소는 초록색을 제외한 다른 색에서 높은 흡수율을 보이는 반면 카로틴은 초록색과 파란색 영역을 주로 흡수한다. 따라서 나머지 노란색과 붉은색 영역은 반사하므로 우리 눈에 주황색이나 노란색으로 보이는 것이다. 푸른색 영역을 더 많이 흡수할수록 주황색으로 보이고, 초록색 영역까지 흡수하면 노란색으로 보인다.

그러면 식물이 이렇게 다양한 색소를 가지는 이유는 무엇일까? 식물이 여러 가지 색소를 가지고 있는 것은 식물 스스로가 좀 더 효과적으로 생장하도록 진화했기 때문이다. 색소에 따라 흡수하는 빛의 파장이 조금씩 다르기 때문에 다양한 색소를 가지고 있는 식물은 좀 더 넓은 영역의 빛을 흡수할 수 있다.

하지만, 모든 빛의 영역을 다 흡수하는 식물은 없다. 반사하지 않고 모두 흡수한다면, 식물은 자체 온도가 너무 올라가서 말라죽을 것이기 때문이다. 일반적으로 녹색 식물은 여름에 색이 더 짙어진다. 여름에 빛의 세기가 강해지면, 식물이 흡수하는 빛의 양이 많아지지만, 반사하는 양도 더 많아지므로 반사되어 보이는 초록색이 더 진해 보이는 것이다. 만약 모든 빛의 영역을 다 흡수하고도 살 수 있는 식물이 있다면, 과연 무슨 색일까? 그건 아마도 검정색일 것이다. 검정색 식물이 지구상에 존재하지 않는 이유는 바로 식물의 온도가 점점 높아지기 때문이다.

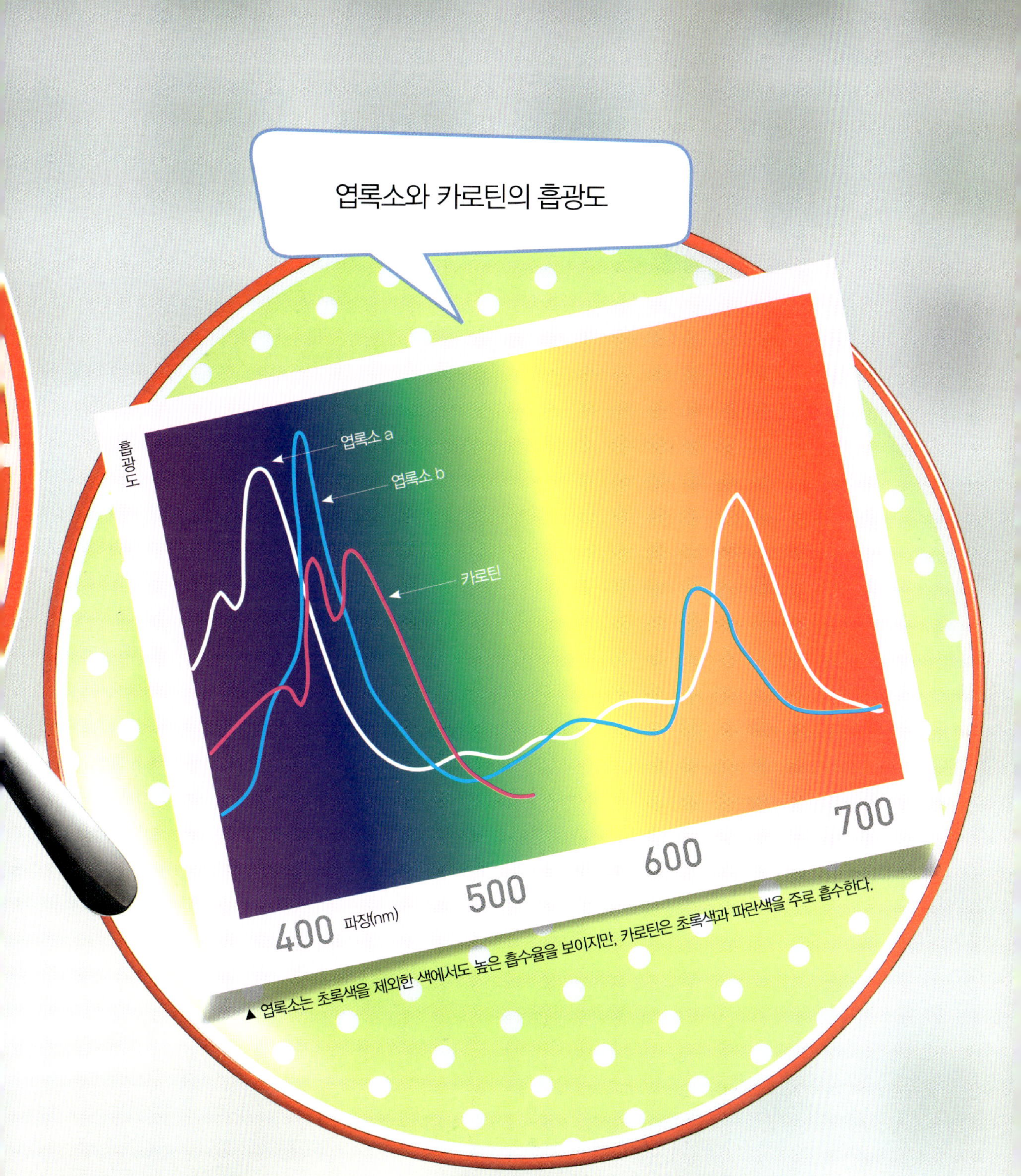

▲ 엽록소는 초록색을 제외한 색에서도 높은 흡수율을 보이지만, 카로틴은 초록색과 파란색을 주로 흡수한다.

3. 입맛 당기는 신선한 색소 퍼레이드

화려한 색상의 과일들과 채소들을 제일 먼저 반기는 것은 침 속의 소화효소 아밀라아제가 아닐까. 머릿속까지 신선해지는 향기에 군침이 도는 것은 어쩌면 당연한 일. 보기만 해도 식욕을 돋우는 촉매제는 바로 과일과 야채들이 저마다 지니고 있는 선명하고 화려한 색일 것이다.

상큼한 주홍빛, 카로틴

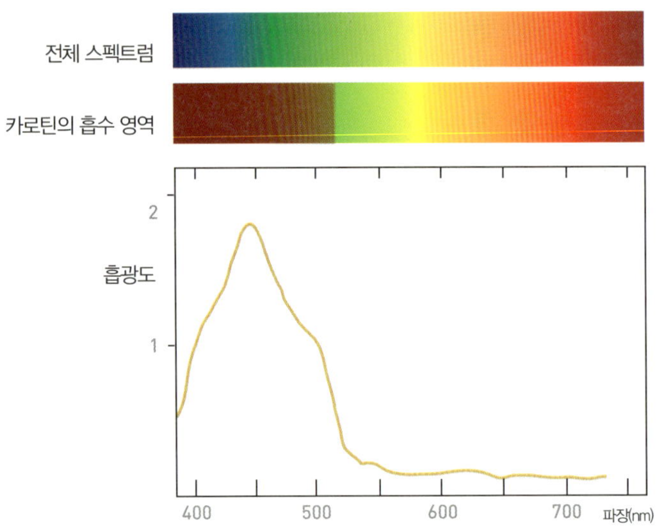

▲ 카로틴은 초록색과 파란색 빛을 흡수하고, 나머지 노란색, 붉은색 빛은 반사한다.

'보기 좋은 떡이 먹기도 좋다'라는 옛말도 있듯이, 먹거리는 색이 아름다우면 아름다울수록 더 눈에 잘 들어온다. 먹거리의 색도 단풍에 못지않다.

무엇보다 먼저 색깔하면 붉은색이나 주황색 같은 정열적인 것이 떠오를 것이다. 빨간색이나 주황색을 띠는 과일이나 채소가 보기도 좋고 영양 만점인 것들이 많다. 예를 들면 사과, 감 같은 과일이나 고추, 당근 같은 채소를 들 수 있다.

사과, 당근, 호박, 고추 등 노란색에서 주황색으로 보이는 것에는 카로틴이라는 색소가 많이 들어 있다. 카로틴은 엽록소와 달리 초록색과 파란색 영역의 빛을 흡수하고, 나머지 노란색과 붉은색 영역은 반사해 우리 눈에 이들 과일과 채소들이 주황색이나 노란색으로 보이는 것이다. 즉, 이런 과일이나 채소의 색은 카로틴이라는 색소 때문이다. 이때 푸른색 영역을 더 많이 흡수하게 되면 주황색으로 보이고, 초록색 영역까지 흡수하게 되면 노란색으로 보인다.

우아한 보랏빛, 안토시아닌

여러 가지 양배추가 있다. 어떤 것은 초록색, 어떤 것은 흰색, 어떤 것은 붉은 자주색……. 같은 양배추인데, 어떤 것은 왜 붉은 자주색을 나타낼까? 녹색에는 엽록소가 풍부하고, 흰색은 안토산틴이란 색소가 풍부하다. 그리고 붉은 자주색은 안토시아닌이라는 색소가 풍부하기 때문이다. 안토시아닌은 물에 잘 녹아 식물 세포의 액포에 녹아 있다. 붉은색이나 보라색을 반사하는 물질이기 때문에 안토시아닌이 많은 식물은 붉은색이나 자주색(붉은 보라색)을 띤다. 같은 식물이어도 조건에 따라 안토시아닌의 함유량은 다를 수 있으며, 안토시아닌이 많아지면 식물의 색도 보라색이나 자주색으로 바뀐다.

초록색이던 포도가 익어갈수록 보라색으로 변하는 것도 안토시아닌 때문이다. 가을이 되면 포도알도 보라색이 되지만, 포도 잎도 붉은색으로 변한다. 이 모두가 안토시아닌이 많아지기 때문이다. 안토시아닌은 세포 안의 당분 농도가 짙어지면 더 많이 생기는 물질이다. 여름을 지내면서 엽록소의 왕성한 활동으로 식물 안에는 많은 당분이 생기고, 이 때문에 안토시아닌도 많아져서 포도의 보라색이 짙어지는 것이다.

너무 심심해 바꿔! 바꿔!

당근이라고 해서 꼭 주황색일 필요는 없다. 색소를 바꾸면 다른 색의 식물로 탄생할 수 있다. 일반적인 주황색 당근은 카로틴, 그 중에서도 β-카로틴이 주성분이고, α-카로틴이 조금 섞여 있다. 두 개의 성분이 모두 주황색을 나타 낸다. 그런데 일반적인 상식을 깨는 다른 색깔의 당근들이 있다. 노란색 당근은 카로틴의 일종인 크산토 필(xanthophyll) 색소를 강화시킨 것이다. 또 빨간색 당근은 토마토에 있는 리코펜(lycopene)이라 는 붉은색 색소를 강화시킨 것이다. 보라색 당근은 안토시아닌을 강화시킨 것이고 하얀 당 근은 이 모든 색소를 다 뺀 것이다.

이러한 색의 변화는 비단 당근에서만 일어나는 것은 아니다. 오렌지에 안토 시아닌을 강화시키면 붉은 색에 가까운 색이 되고, 옥수수와 감자도 짙 은 보라색이 된다. 이러한 상식을 뛰어넘는 색의 마술은 현대 유 전공학의 발달 덕분에 더욱 다양하게 나타나고 있다.

입맛이 **확** 당겨요! 붉은 오렌지

알갱이가 **살아있어요**! 보라색 옥수수

색다른 당근들의 **화려한** 색! 가지각색 당근

어떻게 이런 **색**이! 자주색 감자

색소의 양이 다르면 색도 다르다

▲ 왼쪽부터 중성, 산성, 염기성, 강한 염기성

▲ 붉은 양배추를 물에 넣고 끓이면 안토시아닌 색소를 추출할 수 있다.

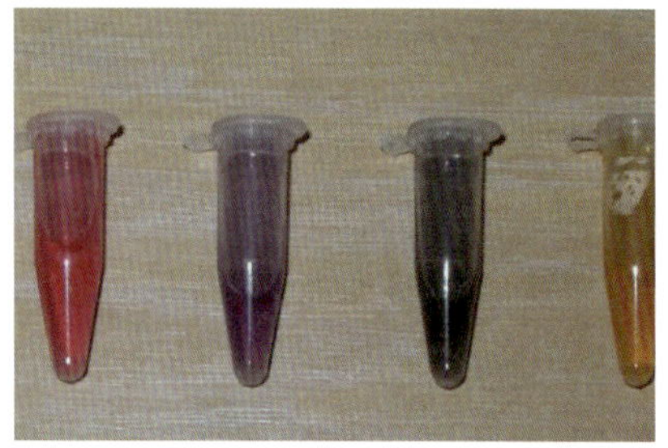

▲ 왼쪽부터 산성, 중성, 약한 염기성, 강한 염기성

같은 종의 식물이어도 들어 있는 색소의 양에 따라 다른 색을 나타낼 수 있다. 관상용 고추는 붉은색을 띠고 있다가 익어가면서 자주색으로 변한다. 관상용 고추는 카로틴으로 인해 붉은색이었지만 익어가면서 안토시아닌이 많아지기 때문에 붉은 자주색으로 변하는 것이다. 특히 보통의 고추꽃은 흰색이지만, 안토시아닌이 많은 고추는 꽃도 붉은 자주색이다.

안토시아닌 색소가 가진 또 다른 특징으로는 산성이냐, 염기성이냐에 따라 색깔이 변한다는 점이다. 그래서 안토시아닌이 많이 함유된 붉은 양배추를 가지고 지시약을 만들기도 한다. 즉 붉은 양배추를 물에 넣고 끓이면 안토시아닌 색소를 추출할 수 있는데, 이 용액은 중성에서는 보라색, 산성에서는 붉은색, 약한 염기성에서는 녹색, 강한 염기성에서는 노란색을 띤다.

안토시아닌 색소가 함유되어 있는 딸기의 경우도 수용액의 pH 농도에 따라 색이 달라진다. 수용액이 염기성→중성→산성으로 바뀌면 색소는 푸른색→자주색→붉은색으로 바뀐다. 그래서 딸기잼을 만들 때 레몬즙을 넣으면 붉은색이 더 선명해진다.

붉은색 고추꽃 ▶
보통은 흰색인 고추꽃이 안토시아닌이 많으면 붉은색을 띤다.

수국의 색을 바로 알자

수국은 한여름에 탐스럽게 피어 정원을 장식하는 꽃이다. 색깔이 매우 다양한 꽃으로 흰색, 분홍색, 자주색, 보라색, 파란색 등 여러 가지 색의 수국이 있다. 특히 파란색 계통의 수국과 붉은색 계통의 수국을 보며, 사람들은 땅이 산성이면 붉은색, 토양이 염기성이면 푸른색을 띤다고 생각한다. 아마도 산성과 염기성이 주는 이미지 때문일 것이다. 하지만, 실제로는 산성에서 푸른색을 띠고, 염기성에서는 붉은색을 나타낸다.

꽃의 색에 영향을 미치는 것은 꽃 속에 있는 알루미늄이다. 토양이 산성이면 알루미늄이 잘 흡수되기 때문에 꽃의 색소가 변하여 푸른색을 반사한다. 그래서 우리 눈에는 푸른색 꽃으로 보인다. 그러나 토양이 염기성이면 알루미늄은 흡수되지 못하고, 꽃의 색소는 분홍색이나 붉은색을 반사하게 된다. 또 흙 속에 석회석 같은 염기성 물질을 같이 넣으면, 수국은 파란색 계통의 색을 나타낸다.

하지만, 이 모든 것은 햇빛을 잘 받을 때 일어나는 것이다.

pH	꽃의 색
4.5	짙고 선명한 블루
5.0	블루
5.5	연보라색
6.0	자줏빛 핑크
6.5	연한 자줏빛 핑크
6.8	핑크
7.0	짙고 선명한 핑크

여러가지 빛깔의 수국
수국은 토양의 성질 외에 빛의 양에도 매우 민감한 색소를 가지고 있어서, 한 그루의 수국에서도 햇빛을 받는 양에 따라 흰색과 푸른색, 붉은색이 동시에 나타날 수 있다.

씁쓸한 갈색, 탄닌과 카테킨

감에는 떫은 맛이 나는 검은 갈색 물질이 있다. 이 물질을 탄닌(tannin)이라고 한다. 갈색의 탄닌은 녹차를 비롯해 커피, 콜라 등 각종 음료에 거의 모두 포함되어 있다. 과거에는 가죽을 염색할 때 이 탄닌을 쓰기도 했다. 그래서 이름도 태닝(tanning)에서 유래되어 '탄닌'이 된 것이다.

녹차는 80도 정도의 물을 부었을 때에는 예쁜 연두색이지만, 오래 두면 점점 갈색으로 변한다. 이것은 탄닌 외에 녹차에 들어 있는 카테킨이라는 물질이 공기 중의 산소와 결합하여 산화중합물을 만들기 때문이다. 그러나 이렇게 갈색으로 변했다고 해서 상한 것은 아니다. 색깔이 맘에 들지 않는다거나 향이 달라져 싫어하는 사람도 있겠지만, 오래 전부터 차를 즐겨 마시는 중국에서는 일부러 차를 발효시켜 갈색으로 만든다. 보이차의 경우에 오래 발효시킬수록 비싼 차로 취급된다. 물을 부었을 때 처음에 녹차가 녹색으로 보이는 것은 엽록소가 물에 우려져 나오기 때문이다. 생녹찻잎을 직접 따서 물에 넣으면 엽록소가 물에 잘 녹지 않아 연두색이 나지 않지만, 녹차 잎을 따서 적정한 열을 가해서 찌고, 볶은 후, 바싹 말리게 되면 엽록소가 크게 파괴되지 않아 엽록소가 녹아 나오게 된다. 그런데 물의 온도가 너무 높거나 오랫동안 우려내면 녹차는 갈색을 띠고 맛도 떫거나 쓴맛이 난다.

탄닌의 구조 ▶

사과가 갈변이 되는 까닭은?

갈변은 한마디로 말하면 산화 작용이다. 갈변 현상은 깎아 둔 사과의 뽀얀 속살이 갈색으로 변해가는 현상이다. 사과, 바나나, 홍차, 감자 등과 같은 과일의 조직에는 카테킨, 카테콜, 갈릭산, 티로신 등 흔히 '폴리페놀'이라는 페놀화합물과 이를 산화시키는 폴리페놀 산화효소가 들어 있다. 만약 과일의 껍질을 깎아 뽀얀 속살이 드러나게 되면 이 효소가 분비되어 폴리페놀을 산화시키고 갈색 물질을 만들어내는 것이다. 이 갈색 물질 중에는 퀴논이나 퀴논 유도체들이 있는데 이 화합물은 활성이 대단히 크기 때문에 효소가 없어도 계속 산화되고 결국 멜라닌 색소와 같은 갈색 또는 검은색의 효소를 형성시켜 더욱 갈색으로 보이게 한다.

그럼, 갈변을 막는 방법은 없을까? 폴리페놀 산화효소는 산소와 직접 접촉하면서 갈변이 촉진된다. 이런 과정에 필요한 단계들이 잘 이루어지지 못하게 한다면 과일의 갈변을 막을 수 있다. 그 방법들을 하나씩 살펴보자. 먼저, 사과나 배 등의 껍질을 깎을 때 구리나 철로 만든 칼의 사용을 피하고 스테인리스 칼을 사용하는 것이다. 둘째, 약한 소금물이나 설탕물에 담그면 된다. 그 이유는 염화 이온에 의하여 갈변이 쉽게 억제되고 설탕물은 과일의 표면을 덮어 산소와의 접촉을 막아주기 때문이다. 셋째, 식초에 담그면 된다. 대부분의 효소는 좋아하는 특정 pH(용액 속의 수소 이온 농도를 나타내는 지수로, 증류수는 7이며 숫자가 작을수록 산성이 세지고 클수록 염기성이 커진다)에서 활성이 왕성하며 싫어하는 pH에서는 활성이 줄어들기 때문에, 식초에 담가 pH를 떨어뜨려 활성을 줄여주는 것이다. 넷째, 깎아 놓은 과일에 레몬즙을 조금 탄 레몬수를 뿌려 주거나 오렌지 주스 등에 살짝 담그면 갈변 현상을 억제할 수 있다. 레몬이나 귤, 포도 같은 신맛이 강한 과일은 산화를 막아주는 항산화제인 비타민 C를 많이 함유하고 있어 이들이 사과의 폴리페놀들이 산화하기 전에 미리 산화하기 때문이다. 다섯째, 랩에 씌워 공기 중의 산소와의 접촉을 최소화하면 갈변을 지연시킬 수 있다.

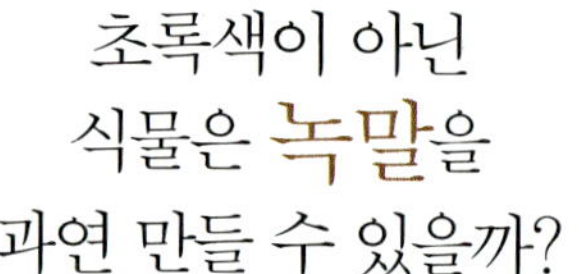
초록색이 아닌 식물은 녹말을 과연 만들 수 있을까?
초록색을 좀 더 줘
붉은색을 띠는 잎들도 과연 광합성을 할까?
붉은색 잎도 광합성을 하는지 확인해 보자!

붉은 잎도 녹말을 만들 수 있을까?

준비물

콜레우스 잎, 알코올, 요오드-요오드화칼륨 수용액, 물중탕 장치

실험 방법

1 잎을 따서 끓는 물에 담근다.
2 끓는 물에서 꺼낸 잎을 알코올에 담근다.
3 알코올에서 꺼낸 잎을 요오드-요오드화칼륨 수용액에 담근다.

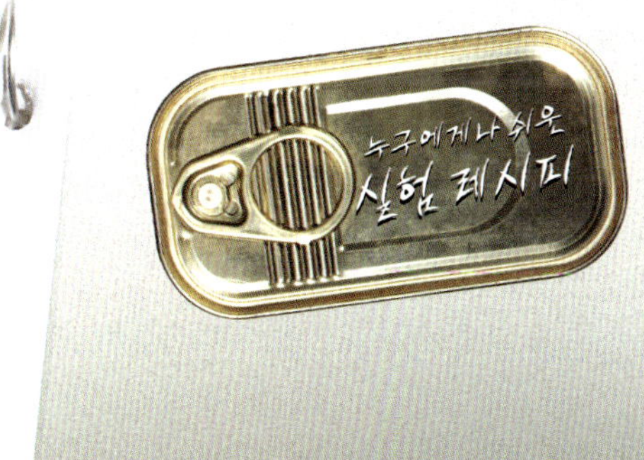

실험 결과

콜레우스 잎은 끓는 물에 넣으면 붉은색 부분이 금방 흰색으로 변한다. 끓는 물에서 꺼낸 잎을 알코올에 담그면 초록색 부분도 흰색으로 변한다. 다음으로 알코올에서 꺼낸 잎을 요오드-요오드화칼륨 수용액에 담그면 붉은색이었던 부분은 누렇게 변색되고 녹색 부분에만 녹말이 생성된다.

왜 그런 걸까?

끓는 물에 콜레우스 잎을 넣었을 때 붉은색 부분이 흰색으로 변하는 것은 붉은 색소가 빠지기 때문이다. 붉은색을 나타내는 색소는 안토시아닌인데, 물에 잘 녹는 성질로 인해 끓는 물에서 붉은색 부분이 탈색되는 것이다. 안토시아닌은 끓는 물에서 액포의 막이 터지면서 물에 쉽게 녹아 나온다.

끓는 물에서 꺼낸 잎을 알코올에 담궜을 때 초록색 부분이 흰색으로 변하는 까닭은 엽록소가 알코올에 녹아 나왔기 때문이다.

알코올에서 꺼낸 잎을 요오드-요오드화칼륨 수용액에 담궜을 때 초록색 부분만 녹말이 생성되는 것은, 안토시아닌이 광합성을 하지 않기 때문이다.

4. 일일 조리사, 나의 하루

아래는 일일 조리사로 일했던 하루를 기록한 것이다. 삶고, 데치고, 끓이고, 버무리는 요리 과정에서 과일과 채소의 색을 그대로 유지시키기란 생각보다 쉽지 않은 일이었다. 일일 조리사인 나의 임무는 맛깔스럽게 요리하는 것이었지만, 또 다른 하나는 과일과 채소들이 제 색깔을 그대로 지니도록 하는 것이었다. 과일과 채소의 화학적 특성을 알지 못하고 요리하면 색은 온데간데없이 사라져버리고, 맛도 덜해진다. 아, 예민하기 그지없는 색소들이여!

년 월 일

오늘은 내 인생을 통틀어 최악의 날이다. 정말 다시 떠올리기도 싫은 하루가 지나갔다. 내일은 내일의 해가 떠오를 것인가? 정말 괴롭다.

사건의 전말은 이렇다. 오늘 나는 일일 조리사로 일했다. 딱 하루 시험 삼아 '수습'이라는 딱지를 떼고 정식 조리사가 된 것이다. 선배님들의 배려이기도 하고, 지금까지의 내 수련을 시험받는 중요한 날이었다. 물론 나는 어떤 주문이 들어오든 완벽하게 해낼 자신이 있었다.

첫 주문은 자장면이었다. 맛있는 자장면이 완성되어 갈 때쯤 나는 완두콩이 준비되지 않았다는 걸 깨달았다. 자장면 위에 얹어야 하는 연두색 완두콩이 없다니! 할 수 없이 비상용으로 사둔 깡통 캔을 땄다. 캔에 든 완두콩은 삶은 콩이나 다름없이 선명한 연두색이지만, 식용색소를 사용했다는 것을 알 수 있다. 물론 주방 안의 모든 사람들도 알고 있다. 선배들은 도끼눈을 뜨기 시작했다. 완두콩까진 괜찮았다. 후식으로 홍차를 준비할 때였다. 홍차를 정성껏 우리고 레몬을 함께 준비했는데, 급하게 하느라 홍차 주전자 안으로 레몬 조각이 빠진 것이었다. 홍차의 붉은색이 이내 옅어졌다. 레몬 조각을 건져 내도 색은 마찬가지. 고객의 취향을 알 수 없는 상황에서 그대로 내보낼 수는 없었다. 그래서 처음부터 다시 준비⋯⋯. 시간은 5분이나 늦었다.

자장면 위의 완두콩은 왜 푸른색이 유지될까

완두콩의 선명한 연두색은 엽록소 때문이다. 그런데, 엽록소는 열이나 빛, 산성이나 염기성 물질에 의해서 쉽게 파괴되기 때문에 연두색이나 초록색은 곧 누렇게 되거나 갈색을 띠게 된다. 그래서 완두콩을 넣어 밥을 지으면 완두콩의 색이 예쁘게 나타나지 않는다. 급속냉동 처리를 하거나 살짝만 가열해야 이런 색의 변화를 막을 수 있다. 간혹 자장면 위에 선명한 연두색을 지닌 완두콩이 몇 알씩 올려서 나오는 경우가 있다. 익힌 것인데도 연두색은 그대로이다. 왜 그럴까? 음식점에서는 대부분 캔으로 가공한 완두콩을 쓰는데, 이런 완두콩은 식용 색소로 착색되어 있는 것들이다.

그 다음 요리에서는 감자와 양파가 필요했다. 자장면을 만드느라 재료가 거의 동났고, 창고로 가기엔 시간이 촉박했다. 며칠 전 버리기 아까워서 냉장고 한쪽에 놓아두었던 야채들이 떠올랐다. 감자에는 어느새 아주 작은 싹이 나 있었다. 깊이 도려내면 되겠지 싶어 칼을 들었을 때 선배한테 딱 걸렸다. 선배는 푸르스름해진 감자를 어디에 사용하냐며 버럭 소리를 질렀다. 이번엔 알루미늄 호일에 싸두었던 양파를 꺼냈다. 양파의 색이 이상하게도 누렇게 변한 게 아닌가. 선배는 혀를 쯧쯧 찼다. 나는 재빨리 창고로 뛰어 갔다.

다음은 과일 샐러드를 만들 차례였다. 다른 과일은 모두 준비되었는데, 바나나가 또 문제였다. 껍질째 써야 하는 바나나가 검게 변해 있는 것이 아닌가. 오늘 아침에 재료가 도착했을 때 바로 랩으로 싸 두었어야 했는데 정신이 없어 깜박한 것이다. 그뿐만이 아니었다. 바나나 때문에 골머리를 앓는 사이 사과까지 갈색으로 변해가고 있었다.

나의 마지막 불행은 감자튀김으로 마무리되었다. 모든 준비가 완벽했는데, 웬일인지 감자가 노릇노릇해지지 않았다. 아무리 튀겨도 그저 하얀색이니 먹음직스럽게 보이지도 않고, 심지어는 감자가 안 익은 것처럼 보이기까지 했다. 감자가 갈색이 나는 것은 포도당 때문이라는 걸 옛날에 배운 적이 있었다. 그래서 나는 꾀를 썼다. 감자에 설탕을 아주 살짝 뿌려 본 것이다. 설탕으로 갈색 캐러멜 소스를 만들어 본 적이 있었기 때문에, 설탕이 갈색을 낼 것이라고 확신했던 것이다. 그런데, 이럴 수가! 감자튀김은 까맣게 타기 시작했다.

바나나가 검게 변하는 이유

멜라닌은 티로신이라는 아미노산에서 생기는 색소로 노란색, 갈색, 검정색을 나타내는 것이다. 보통 멜라닌은 동물의 머리카락, 눈, 피부의 색을 나타내는 색소로 알려져 있지만 식물에도 멜라닌이 들어 있다. 특히 바나나는 많이 익으면 껍질이 얇아지면서 검은 갈색으로 변한다. 이것은 멜라닌이 증가했기 때문이다. 아보카도는 짙은 초록색이지만, 많이 익으면 바나나처럼 껍질이 짙은 갈색으로 변한다. 이것도 멜라닌이 많이 생성되기 때문이다. 바나나를 잘라 공기 중에 두면 단면이 갈색으로 변하는데 이것 역시 효소에 의해 멜라닌 생성이 촉진되었기 때문이다. 이런 일은 잘라둔 사과, 감자, 복숭아, 상추에서도 발견된다. 따라서 자른 면이 갈색이 되지 않으려면 이 효소의 반응을 막아야 하는데, 우선 랩으로 싸거나 물에 담그는 등 공기를 차단하여 산소와 효소가 만나지 않도록 하는 방법이 있다. 또는 과일을 식초나 설탕물, 소금물에 담궈 효소의 활성화를 막으면 갈색으로 변하는 것을 막을 수 있다.

감자에 싹이 나면 초록색으로 변하는 이유

감자에 싹이 나면 싹이 난 주변이 초록색으로 변해 있는 것을 볼 수 있다. 이것은 싹이 나면서 그 주변에 솔라닌이라는 색소가 생겼기 때문이다. 특히 이 색소는 독성이 있고 쓴맛을 낸다. 감자를 햇빛에 놓아두면 그냥 광합성이 촉진되고 솔라닌 생성도 더 많아져 감자 전체가 초록색으로 변한다. 또 감자를 요리하면, 산화 작용으로 싹이 나는 눈이 있는 부분이 다른 부분에 비해 짙은 갈색으로 변하는데, 이럴 때엔 레몬주스나 식초를 조금 넣어 산화되는 것을 미리 막아야 한다.

알루미늄 호일에 감싼 양파가 누렇게 변색되는 이유

양파에 많이 들어 있는 안토산틴은 철이나 알루미늄과 반응한다. 알루미늄 호일로 양파를 감싸면 양파의 색은 누렇게 변한다.

감자를 튀기면 노릇노릇해지는 이유

노릇노릇한 감자튀김, 먹음직스런 빵, 잘 구워진 케이크, 이들은 대부분 갈색 계통의 색을 나타낸다. 특히 잘 구워진 튀김이나 빵, 케이크의 부스러기는 더욱 색이 진하고 그 맛은 더 바삭하고 고소하다. 이런 갈색은 어떻게 생기는 것일까? 이 갈색 부분은 포도당과 단백질에 존재하는 아민이라는 성분이 같이 반응하여 생긴 결과이다. 그러나 우리가 흔히 먹는 설탕은 포도당보다 분자가 더 커서 이렇게 아민과 반응하지 않고 그대로 타버린다. 따라서 감자튀김을 노릇하게 만들려고 일부러 설탕을 뿌려 튀긴다면, 오히려 설탕이 타버린다. 결국 감자튀김을 더욱 노릇노릇하게 되려면 감자 자체에 포도당이 많아야 한다. 서양요리에서 많이 사용하는 각종 소스도 이 포도당과 아민의 반응을 이용해 색을 낸 것이다. 특히 소스를 만들 때 설탕과 함께 레몬주스나 식초를 같이 넣고 만든다. 이렇게 되면 산성 때문에 설탕이 과당과 포도당으로 나누어지고, 이때 나온 포도당이 다른 단백질에서 나온 아민 성분과 반응하여 갈색을 나타내게 된다.

04 신비로운 동물의 색

1 고기 맛을 결정하는 미오글로빈 / **2** 살기 위한 몸부림, 동물의 보호색

3 우리를 숨 쉬게 하는 헤모글로빈 / **4** 멜라닌의 비밀

동물의 색 속에는 우주와 지구의 역사가 나무의 나이테처럼 그려져 있다. 동물의 보호색을 유심히 들여다보면 각 동물들의 생존 조건과 그들의 노력이 색으로 표현되고 있다는 것을 몸으로 느낄 수 있다. 차마 가늠하기 힘든 오래된 시간을 거쳐 동물의 색은 진화를 거듭했다. 동물들 몸에 깃든 색은 그러므로 찬사를 불러일으킨다. 흡사 오래 숙성시켜 다양한 맛과 함께 깊은 맛을 지닌 포도주처럼 말이다.

1. 고기 맛을 결정하는 미오글로빈

고기는 씹으면 씹을수록 맛이 난다. 마치 고기 속에 담백한 맛이 숨겨져 있는 듯이 말이다. 그러나 사실 고기의 맛을 좌지우지하는 것은 붉은 색소를 포함하고 있는 미오글로빈이라는 단백질이다. 근세포 속에 들어 있는 이 물질은 동물들의 근육을 붉게 만들어 때때로 피로 오해받을 때가 많이 있다.

"어떻게 익혀 드릴까요?"

식당에서 스테이크를 먹을 때 익히는 정도에 따라 고기는 대략 세 가지로 나뉜다. 매우 잘 익히는 경우(well done)와 보통으로 익힌 경우(medium), 살짝만 익히는 경우(rare)가 바로 그것이다. 적당히 익히거나 살짝만 익힐 때 고기가 텁텁하지도 않고 맛도 더 좋지만, 많은 사람들은 고기를 썰 때 피가 나와서 차마 못 먹겠다고 말하곤 한다.

그러나 살짝 익힌 스테이크를 썰 때 나오는 붉은 액체는 피가 아니다. 도살장에서 소를 도살할 때 피를 모두 빼내기 때문에 레스토랑에 실려 온 쇠고기에는 피가 남아 있지 않다. 심장과 허파 안에는 피가 남아 있을 수 있지만 그것을 스테이크로 요리해 먹지는 않는다. 우리가 먹는 스테이크 요리는 근섬유 덩어리로 만든 것이다.

피처럼 보이는 그 액체는 사실 근육 속에 함유되어 있는 미오글로빈(myoglobin)과 고기즙이 섞인 것이다. 이 미오글로빈은 철(Fe)을 포함하고 있기 때문에 붉은색을 띤다. 피가 붉은 이유도 미오글로빈과 유사한 구조를 가진 '헤모글로빈'을 피가 포함하고 있기 때문이다.

미오글로빈은 근육 내에서 산소를 저장하는 역할을 하며 근육이 갑작스럽게 운동할 때 필요한 산소를 즉시 공급해준다. 동물마다 운동할 때 필요한 산소량이 다르기 때문에, 미오글로빈 함량 또한 고기마다 다르다. 닭, 돼지보다는 쇠고기에 미오글로빈이 더 많이 들어 있다.

미오글로빈이 많아야 좋은 쇠고기

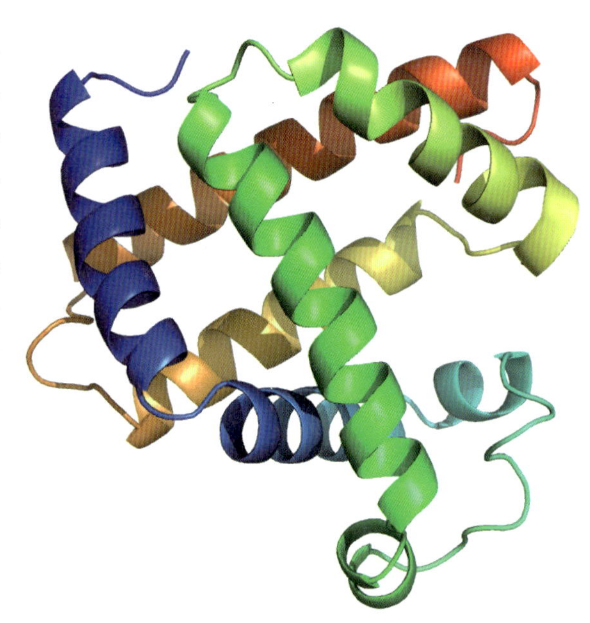

▲ 미오글로빈을 재현한 그래픽
미오글로빈은 하나의 폴리펩티드 사슬로 이루어져 있으며
이 사슬에 연결된 헴이 산소 분자와 결합한다.

신선하고 맛 좋은 쇠고기를 사려면 색깔을 잘 살펴봐야 한다. 밝은 선홍색을 띠는 쇠고기가 맛도 좋고 영양도 많다. 하지만 생선과는 달리 갓 잡은 쇠고기가 최상급은 아니다. 바로 도축한 고기는 자주색을 띤다. 고기가 공기 중에서 적당히 산화되면 미오글로빈은 밝은 붉은색으로 변하고, 너무 오래 산화되면 고기는 갈색으로 변한다. 미오글로빈이 파괴되었기 때문이다. 고기를 익힐 때 색이 변하는 이유도 마찬가지이다. 고기의 색소 단백질에는 미오글로빈, 헤모글로빈(hemoglobin), 카탈라아제(catalase), 시토크롬(cytochrome) 효소 등이 있다. 살아 있는 동안 동물의 살색은 헤모글로빈이라는 혈색소가 우세한 반면, 도축으로 피를 모두 빼내면 대부분의 혈색소가 방출돼 식육의 상태에서는 미오글로빈이 색소의 대부분을 차지하게 된다.

고기가 붉은색을 띠는 과정을 더 자세히 알아보자. 고기에 빛이 닿으면 미오글로빈 분자에서는 전자의 이동이 일어난다. 이때 미오글로빈 분자가 흡수하는 빛과 보색 관계인 빛이 우리들에게 붉은색으로 비치는 것이다. 고기가 선명한 핑크색을 띠고 있다면, 이는 그 고기의 색소가 청록색 빛을 흡수해서 그 보색인 핑크색이 우리들에게 고기의 색으로 비쳐지는 것이다.

▲ J. C. 켄드루가 만든 3차원 미오글로빈 구조 모형

그러면 미오글로빈이라는 분자는 어떤 구조를 하고 있을까? 미오글로빈은 포르피린(porphyrin)이라는 고리 모양 화합물의 한가운데에 철 원자가 있으며 이를 붙잡고 있는 것을 헴(heme)이라고 부른다. 철 원자는 6개의 헴을 갖고 있으며, 이중 4개의 헴은 포르피린과 손을 잡고 있다. 5번째 헴이 글로빈이라는 단백질과 결합한 것을 미오글로빈이라 부른다. 이 미오글로빈은 고기 조직 내에서 산소를 비축하는 역할을 한다. 헤모글로빈도 같은 구조를 하고 있는데, 헤모글로빈은 산소를 몸의 각 부위로 운반하는 일을 하고 있다.

고기의 색은 나머지 여섯 번째 헴이 무엇을 붙잡고 있는가에 달려 있다. 산소와 결합하거나 물과 결합하거나 아무것과도 결합하지 않거나에 따라 고기의 색이 다른 것이다.

화학결합	화합물	색	이름
	H_2O	보라색	환원된 미오글로빈
Fe^{++} Ferrous	O_2	붉은색	산화 미오글로빈
(공유결합)	NO	분홍색	질산화 미오글로빈
	CO	붉은색	카르복시 미오글로빈
	−CN	붉은색	시아닌 미오글로빈
Fe^{+++}	−OH	갈색	수산화 미오글로빈
Ferric (이온)	−SH	녹색	황화 미오글로빈
	$−H_2O_2$	녹색	과산화 미오글로빈

▲ 미오글로빈은 결합한 물질에 따라 색이 달라진다.

빨간색 근육에서 찾아라

미오글로빈은 척추동물의 붉은색 근육에만 있다. 헤모글로빈과 화학적으로 아주 유사한 미오글로빈은 헤모글로빈처럼 산소와 가역적으로 결합하지만, 헤모글로빈보다 미오글로빈과 산소의 결합이 덜 복잡하다. 미오글로빈은 정맥혈과 만날 때 헤모글로빈보다 더 쉽게 산소와 결합하여 혈액 중의 산소가 근육세포로 전달되는 것을 돕는다. 근육세포로 전달된 산소는 근육에 에너지를 공급하기 위한 화학반응에 사용된다. 미오글로빈의 헴 부분은 모두 똑같으나, 단백질 부분은 종에 따라 상당히 다양해 미오글로빈은 단백질 구조를 밝히는 데 큰 기여를 했다. J. C. 켄드루는 X선 회절을 사용하여 결정 상태의 향고래 미오글로빈의 3차 구조 모델을 만들어 1962년에 노벨 화학상을 수상했다.

J. C. 켄드루
John Cowdery Kendrew, 1917~1997

분자생물학자이자 물리화학자인 J. C. 켄드루는 영국 옥스퍼드에서 태어났으며, 케임브리지 대학에서 박사학위를 받았다. 1962년에 M. F. 퍼루츠와 함께 공동으로 노벨 화학상을 수상했다. 수상한 이유는 미오글로빈의 전체 구조를 해명했다는 공로를 인정받았기 때문이다. 미오글로빈은 산소를 저장해 필요할 때 근육세포에 산소를 제공하는 단백질이다. 그는 특별한 X선 회절기술과 컴퓨터를 사용해 미오글로빈 분자의 아미노산 배열을 3차원 구조 모형으로 만든 것으로도 유명하다. 영국 의학연구평의회연구원, 유럽 분자생물학협회 사무총장 등을 지냈으며, 1975년부터는 하이델베르크 대학의 유럽 분자생물학연구소 소장으로 활동했다.

2. 살기 위한 몸부림, 동물의 보호색

주위의 환경과 똑같은 색으로 자신을 치장하고 있다가 순식간에 나타나 먹이를 낚아채는 동물들의 속임수와 민첩함에 감탄한 적이 있는가? 식물들의 색은 그 자체로 정적이면서도 순수하고 정직한 느낌을 주는 반면, 동물들의 색은 역동적이면서도 꿈틀꿈틀 살아 있는 느낌을 준다. 말 그대로 '동물적인' 색이다.

어떻게든 바꾼다, 살아남기 위해서!

지구상에는 몸의 색을 이용하여 외부의 위험으로부터 자신을 보호하는 동물들이 많이 있다. 이들 동물의 몸빛은 주위의 환경이나 배경의 색깔과 비슷하여 다른 동물에게 쉽게 눈에 띄지 않는 일종의 은폐색이라 할 수 있다. 이들 동물의 색을 흔히 '보호색(protective coloration)'이라 한다.

예를 들어 호랑나비는 연노란색과 검은색이 조화를 이루고 있는데, 이런 색들은 그늘 속에서 자신을 보호하는 데 도움을 준다. 배추흰나비, 호랑나비의 애벌레가 보통 녹색인 것은 녹색 잎과 유사해서 자신을 보호할 수 있기 때문이다. 사마귀는 천적으로부터 보호받고 먹이가 잘 알아차리지 못하게끔 사는 지역에 따라 다른 색깔을 띤다. 이보다 더 훌륭한 보호색은 바다 속 넙치에게서 찾을 수 있다. 넙치의 몸은 바닥의 모래와 비슷한 색을 띠고 있어 유심히 관찰하지 않으면 모르고 지나가는 경우가 많다. 뿐만 아니라 넙치는 주변 색깔을 따라 부분적으로 몸의 색깔을 바꾸기도 한다. 어항 바닥에 8자를 써 놓고 넙치를 넣어주면 넙치는 바로 이것을 흉내내어 몸에 8자 비슷한 모양의 무늬를 만들어낸다.

동물들의 보호색이 자신을 보호하기 위해 사용되는 것만은 아니다. 호랑이 줄무늬의 경우를 보자. 실제 산을 배경으로 볼 때 호랑이는 배경과 잘 구별되지 않는다. 이 경우는 단순히 주변의 색깔과 비슷하게 하여 자신을 숨기는 보호색과 다르게 자신의 윤곽을 알아차리지 못하게 먹잇감을 교란하는 효과를 나타낸다.

색으로 교란시켜라

▲고등어의 등은 푸른색이지만 배는 흰색이다.

이처럼 주변 환경과 비슷한 색깔을 가져 자신의 몸을 숨기는 보호색을 '교란채색'이라고 한다. 보호색은 주로 잡아먹히는 동물인 피식자의 색깔을 의미하는 경우가 많지만, 피식자에게 들키지 않고 접근하는 데 유리한 포식자의 은폐색을 가리키는 경우도 많다.

보호색을 보이는 방향에 따라 서로 다르게 발전시킨 생물도 있다. 해수면 위에서 주로 사는 꽁치나 고등어가 바로 그들이다. 이들은 보통 등이 푸른색이어서 '등푸른 생선'이라고 불린다. 반면에 이들의 배는 흰색이다. 이들의 등이 푸른 물색과 비슷한 이유는 하늘 위에서 공격하는 새들의 눈을 피할 수 있어야 하기 때문이다. 이들의 배가 흰색인 이유는 물속에서 수면 쪽을 보면 햇빛이 물 표면에 산란하여 물이 흰색으로 보이기 때문이다. 그러므로 이들의 배가 흰색으로 보이는 것이 물속 포식자들의 공격을 피하는 데 유리할 수 있다. 그래서 이들의 피부를 '방어피'라고도 한다. 방어피란 위쪽 피부가 아래 부분보다 더 짙은 색을 띠는 보호색 피부를 말한다.

동물들은 살아남기 위해 색깔뿐 아니라 더 적극적으로 자신의 몸을 발달시켰다. 나뭇가지와 구별이 되지 않는 대벌레는 색깔뿐 아니라 모양까지 나뭇가지를 닮아 자세히 관찰하지 않는 한 알아보기 어렵다. 두꺼비도 피부가 흙색인 데다 모양도 울퉁불퉁해서 정말 구별하기 어렵다. 그럼 보호색의 달인이라는 최고의 영예는 누구의 것일까? 그것은 다름 아닌 카멜레온이다. 이들은 한 가지 색을 사용하는 것이 아니라 배경에 맞추어 몸빛의 농담이나 색채까지 변화시키는 마술을 보여준다. 그러면 이렇게 동물이 필요에 따라 주변의 환경에 따라 몸 색깔을 바꾸는 원리는 무엇일까?

색의 마법사, 카멜레온

카멜레온은 북부 아프리카, 중동, 인도, 마다가스카르 등지에서 산다. 카멜레온은 녹색, 빨간색, 노란색, 갈색, 파란색 등 색을 매우 다양하게, 그리고 매우 재빠르게 바꾼다. 카멜레온을 집중해서 관찰해 보면 한순간에 바로 색이 바뀌는 것을 볼 수 있다.

카멜레온의 색 변화에 대해선 아리스토텔레스도 궁금증을 지니고 있었다. 그는 카멜레온이 두려움을 느낄 때 색이 변하는데 특히 혈액의 양과 농도가 달라지고, 혈액의 색이 피부를 통해 비치기 때문에 색깔이 변한다고 하였다. 그후 카멜레온의 색 변화는 동물학 연구의 큰 주제가 되었다. 연구 결과, 대부분 카멜레온은 거의 모든 색을 나타낼 수 있고, 보통 20초 안에 색을 변화시킬 수 있는 것으로 나타났다. 어떻게 이런 일이 일어날 수 있는 것일까?

카멜레온은 여러 가지 색소를 가진 독특한 세포를 가지고 있다. 이들 세포들은 염색소, 즉 크로마토포어(chromatophore)라 불리는데, 카멜레온 피부 아래에 여러 개의 층으로 존재한다. 제일 바깥에 있는 크로마토포어는 빨간색과 노란색 색소를 가지고 있고, 제일 아래에는 파란색과 흰색 색소를 가지고 있다. 이 색소 세포의 변화에 따라 카멜레온의 색깔이 변하는 것이다. 크로마토포어는 뇌에서 오는 신호에 따라 크기가 커지기도 하고 움츠러들기도 한다. 그 크기 변화에 따라 마치 물감이 섞이듯이 전체적인 색깔이 달라지는 것이다. 멜라닌도 색 변화에 중요한 역할을 한다. 멜라닌은 색소 세포의 층 사이에 마치 거미줄처럼 퍼져 있어서 피부색을 검게 한다.

이들 색소 세포의 작용을 조절하는 메커니즘으로는 세 개의 전달 경로가 있다. 하나는 눈으로 들어오는 빛의 자극을 중추 신경을 거쳐 색소 세포에 전달하는 경로이다. 이것은 시계가 희끄무레할 때는 황색과 담녹색으로, 검게 보일 때는 회녹색과 흑갈색으로 변화한다. 다음은 피부에 있는 말초 신경이 직접 색소 세포에 빛의 자극을 전달하는 경로이다. 이것은 밝을 때는 흑갈색으로, 어두울 때는 담녹색으로 변화한다. 마지막으로 뇌하수체에서 분비되는 호르몬이 직접 관리하는 경로가 있다.

카멜레온이 색을 바꾸는 이유

▲ 위 그림은 같은 카멜레온을 찍은 것이다. 카멜레온은 기분에 따라 색이 변한다.

많은 사람들은 카멜레온이 주변 환경과 구별하지 못하도록 색을 바꾼다고 생각하지만 과학자들의 주장은 이와 다르다. 연구에 의하면, 카멜레온은 빛, 온도, 그리고 카멜레온의 기분에 따라 색을 바꾼다. 그들은 색을 바꿈으로써 좀 더 편안한 기분을 느끼며, 다른 카멜레온과 의사소통을 한다고 한다.

그러면 카멜레온의 색을 바꾸는 외부적인 환경에는 어떤 것이 있을까? 먼저 빛이다. 만일 갈색 카멜레온이 태양 아래 쉬려고 한다면, 뇌에서는 파란색 색소보다는 노란색 색소가 더 커지도록 명령한다. 왜냐하면 더 밝은 색일수록 태양 빛을 더 많이 반사할 수 있기 때문이다.

두 번째로는 온도가 있다. 만일 카멜레온이 추위를 느낀다면 더 짙은 색으로 변한다. 짙은 색깔이 밝은 색보다 빛과 열을 더 잘 흡수하기 때문이다.

세 번째로 언급되는 것은 카멜레온 자신의 기분이다. 놀라운 사실이지만 카멜레온은 외부 환경이 아닌 스스로의 기분 변화 때문에 색을 바꾸기도 한다. 사실 카멜레온의 기분이야말로 색깔을 바꾸는 가장 빈번한 원인이다. 카멜레온의 몸은 매우 화가 나면 노란색과 빨간색이 강해진다. 멜라닌이 점차 피부 표면으로 올라와서 피부색은 검게 된다. 이 모습은 다른 카멜레온에게 "난 싸울 준비가 되었어!"라고 말하는 것과 같다. 어떤 수컷 카멜레온은 피부색이 갈색에서 밝은 보라색과 파란색으로 바뀌고 눈꺼풀은 초록색 점이 있는 노란색으로 바뀐다. 이 정도로 멋지다면 암컷도 반할 만하지 않을까?

카멜레온의 피부색 변화 ▶
카멜레온은 주변 환경이나 기분에 따라 피부색이 다양하게 바뀐다.

색과 모양을 바꾸는 동물들의 위장 올림피아드!

살아남기 위해서 무엇을 못 할까? 동물들은 포식자들의 눈에 띄지 않기 위해 갖은 방법을 동원하고 있다. 그럼 이제 살아남으려는 동물들의 위장 올림피아드의 세계 속으로 들어가 보자. 카멜레온처럼 색을 변화하는 것뿐 아니라 모양까지도 닮아 우리를 당황하게 만드는 동물들이 있다.

어떤 무당벌레는 평소 빛나는 금색이지만 새가 나타나면 주황색에 검정 물방울 무늬로 바뀐다. 이렇게 어두운 색으로 변하면 새들에게 무당벌레는 암컷처럼 보인다. 보통 새들은 무당벌레를 좋은 먹잇감이라고 여기지만, 암컷은 잘 먹지 않기 때문에 수컷 무당벌레들이 암컷처럼 색을 변화시키는 것이다.

또 거미는 나무 둥치나 껍질과 같은 주변의 색깔과 똑같은 색으로 변한다. 이렇게 색이 변하면 먹잇감들은 가까이에 거미가 있다는 것을 알기 어렵다. 벌레들은 거미의 존재를 너무 늦게 깨닫기 때문에 바로 거미에게 잡아먹힌다. 거미는 바위, 나무, 잎, 꽃에 따라 갈색, 회색, 초록색, 노란색으로 색깔을 변화시키는 등 주변 환경과 완전히 동화된다. 이는 보다 나은 포식자가 되기 위한 엄청난 진화의 결과라 할 수 있다.

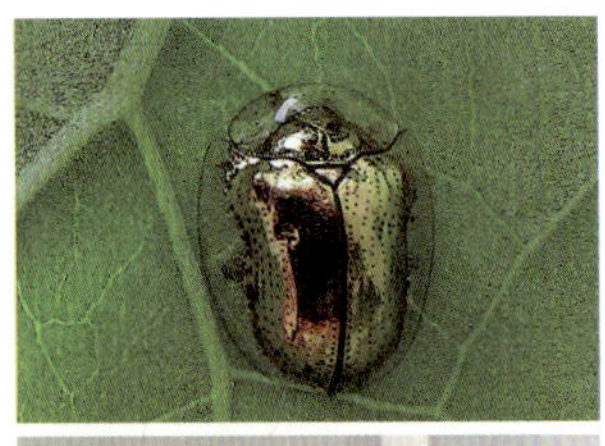

▲ 금빛 무당벌레(위)와 검정 물방울 무늬로 변한 무당벌레 (아래)

꽃이나 땅과 같은 주변의 색으로 자신의 색을 변화시킨 거미 ▶

바닷속 생물들도 이런 보호색을 쓴다. 가자미는 바다 밑바닥 색깔과 똑같이 보이도록 흐릿한 점박이 무늬를 가지고 있어서 포식자가 전혀 알아채지 못한다.

가자미가 바다 밑바닥에 붙어 살면서 바닥의 색깔과 똑같은 피부색을 가지듯이, 산호 사이에 사는 물고기는 산호와 비슷한 색을 가진다. 심지어 모양까지 산호와 같은 경우도 있다. 산호 사이에 사는 쥐치는 평소에는 보통의 쥐치와 같은 색과 무늬를 지니지만, 주변의 산호색에 따라 색깔을 변화시키고, 몸을 부풀려 산호의 가시 모양까지 따라 한다. 이 물고기는 넓적하고 노란 산호의 형태를 따라 똑같이 지느러미의 색과 모양을 만들고는 먹잇감을 기다린다.

물론 물고기도 카멜레온처럼 기분에 따라 색깔을 변화시킨다. 특히 자신의 영역에 다른 물고기가 침범하면 카멜레온과 같이 노란색이나 붉은색 색소를 강화시켜 더 이상 다가오지 못하도록 경고 신호를 보낸다.

▲ 바다 밑바닥 색이나 주변 환경과 똑같이 보이도록 색을 변화시킨 물고기들

3. 우리를 숨 쉬게 하는 헤모글로빈

펄떡펄떡 뛰는 심장을 통해 온 몸으로 퍼져나가는 붉디붉은 피 속에서는 헤모글로빈이 있다. 붉은색이 '열정', '역동성', '정열적인 사랑'을 연상시키는 것은 한시도 쉬지 않는 심장과 그 피가 붉은색이어서가 아닐까. 피가 빨간 것은 동물의 적혈구 속에 포함되어 있는 색소 단백질인 헤모글로빈 때문이다.

피는 왜 빨간색일까?

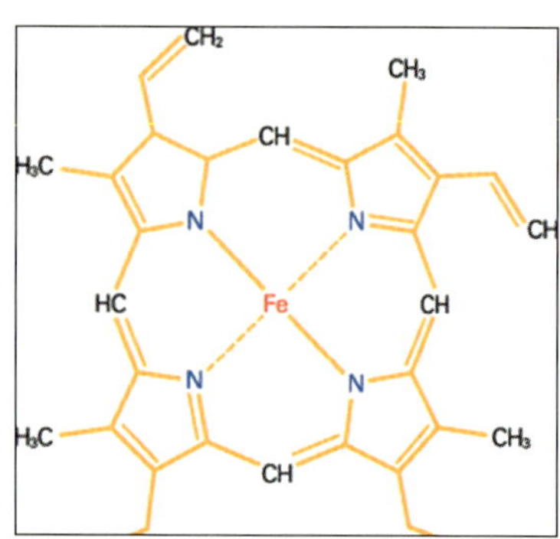

사람의 혈액에는 헤모글로빈이 있다. 이것은 헴을 둘러싼 폴리펩티드 사슬 4개가 서로 연결되어 있는 물질로 산소를 허파에서 각 세포조직으로 이동시키는 역할을 한다. 핵심이 되는 부분은 헴이다.

이것은 엽록소와 그 구조가 매우 비슷하다. 엽록소와 마찬가지로 질소를 포함한 포르피린 고리 안에 금속 원소가 들어 있다. 차이가 있다면 엽록소는 마그네슘이, 헤모글로빈에는 철이 있다는 것이다. 물론 엽록소와 달리 헤모글로빈은 포르피린 고리 외부에 단백질이 있다는 것도 커다란 차이지만 말이다.

생물에게 가장 기본이 되는 에너지 공급의 측면에서 보면, 식물의 광합성과 동물의 호흡을 관장하는 물질이 구조상 매우 흡사하다는 것은 진화학적으로 매우 큰 의미가 있다.

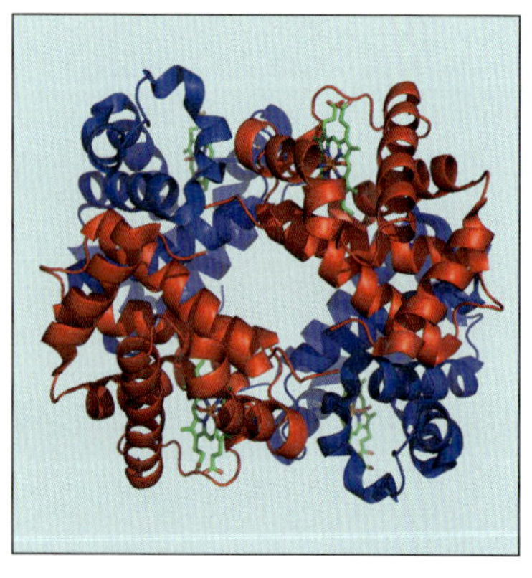

▲ 헤모글로빈을 재현한 그래픽
헤모글로빈은 네 개의 폴리펩티드 사슬로 이루어져 있으며 각 사슬마다 헴분자가 하나씩 있어 산소 분자와 결합한다 .

헤모글로빈은 가운데 철에 산소가 붙으면 철이 +2가에서 +3가로 산화되는데, 이로 인해 에너지 준위가 변화하여 색은 밝은 붉은색으로 변한다. 반면에 산소를 잃으면 원래대로 환원되고 이때 색은 검붉게 변한다.

그래프에서 보듯이 산소가 붙으면 흡수하는 파장의 영역이 변화함에 따라, 산소가 많은 동맥의 피는 매우 밝은 붉은 빛을 띠고, 정맥의 피는 흡수하는 피의 양이 적어 검붉은 색으로 변한다. 특히 헤모글로빈은 일산화탄소와도 매우 잘 결합하기 때문에 일산화탄소가 배출되면 산소와 결합하지 않고 일산화탄소와 먼저 결합한다. 대표적인 예가 연탄가스 중독이다. 산소로 호흡하지 못한 세포 조직들은 결국 질식하게 된다.

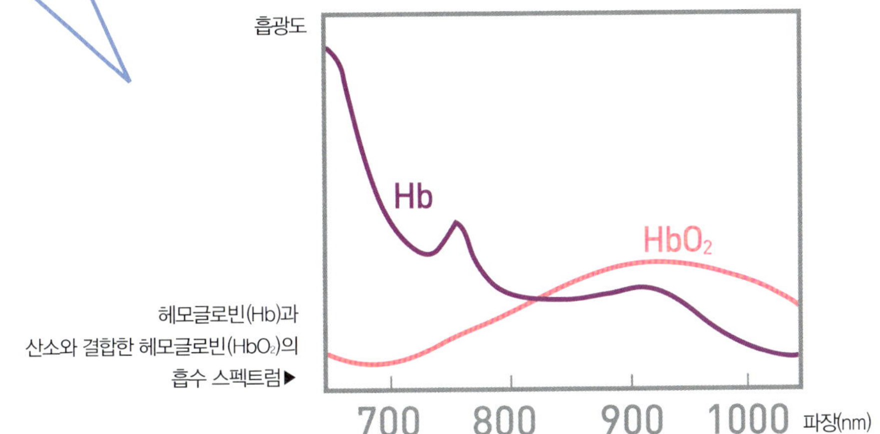

헤모글로빈(Hb)과 산소와 결합한 헤모글로빈(HbO$_2$)의 흡수 스펙트럼▶

식물과 동물의 닮은꼴

식물에게 있어서 엽록소는 에너지의 원천이다. 빛을 흡수하고 광합성을 통해 양분을 만드는 역할을 하는 물질이기 때문이다. 동물에게도 이런 에너지의 원천을 찾는다면 무엇일까? 동물 체내의 각 세포들은 산소를 공급받아야 살아갈 수 있다. 이때 각 세포에 산소를 공급하는 물질이 바로 헤모글로빈이다.

우연인 것인지, 식물의 엽록소와 동물의 헤모글로빈은 그 구조가 상당히 닮았다. 엽록소와 헤모글로빈 모두, 금속원자가 질소(N)를 포함한 물질에 둘러싸인 구조를 나타낸다. 단지 엽록소는 가운데 마그네슘이 있고, 헤모글로빈은 가운데 철이 있다는 차이뿐이다. 식물과 동물의 가장 기본적인 대사 작용과 관련된 물질이 구조가 거의 같다는 것은 매우 흥미로운 일이다. 즉 진화가 동물과 식물에게 동시다발적으로 일어나고 있음을 보여주는 것이다.

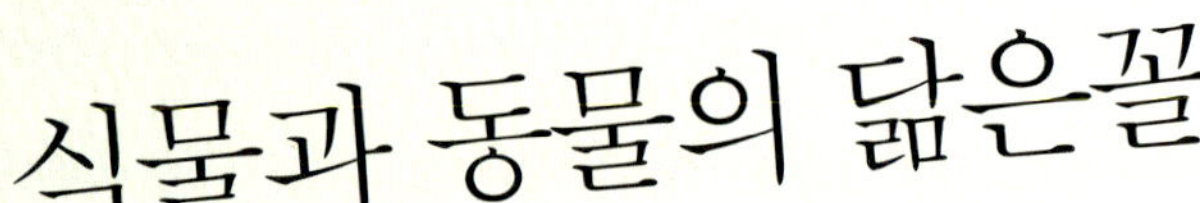

서로 구조가 너무 비슷해

▲ 놀랍게도 동물의 헤모글로빈과 식물의 엽록소는 그 구조가 상당히 닮았다.

정맥혈관은 왜 푸르게 보일까?

영철이는 병원에서 할머니가 정맥 주사 맞는 모습을 지켜보았다. 간호사는 혈관을 못 찾아 쩔쩔매고 있었다. 할머니의 혈관이 너무 약해졌기 때문이란다. 영철이는 제 손등의 파란 혈관을 들여다보았다. 그런데 왜 혈관은 파란색으로 보이는 걸까? 영철이는 문득 그런 생각이 들었다. 그래서 다음과 같은 가설을 세워 보았다.

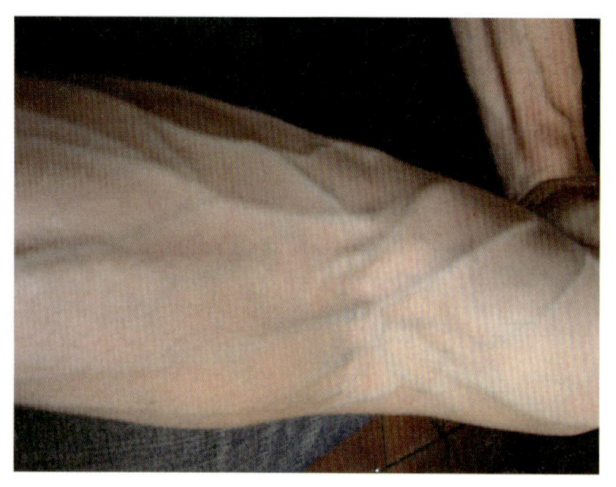

우리 눈으로 볼 수 있는 혈관은 모두 정맥 혈관이다. 헤모글로빈의 철 성분에 산소가 붙으면 붉은색이 되는데, 정맥의 피는 산소의 양이 적어 푸르스름해 보이는 것이다. 자신의 생각에 흐뭇한 미소를 짓던 영철이. 하지만 할머니 손등에서 떼어낸 솜에 선명한 붉은 피가 묻어 있는 걸 보고는 다시금 생각에 잠겨야 했다. 왜 푸른색이던 피가 몸 밖으로 나오면 곧장 붉은색을 띠는 것일까? 영철이의 머릿속에 하나의 생각이 스쳐 지나갔다. 헤모글로빈이 공기 중의 산소와 반응하면서 붉은색을 되찾는 것이다. 이같은 영철이의 가설은 맞는 것일까?

사실은 이렇다. 우선 우리 피는 절대 파란색이 아니다. 정맥피는 약간 더 검붉고, 동맥에 흐르는 피는 약간 더 밝은 빨간 색이다. 정맥은 피부 아래쪽에 있고, 우리가 살짝 베였을 때 나오는 피는 대부분 정맥 혈액이다. 동맥은 피부 깊숙이 있으므로 평소에 직접 볼 기회는 거의 없다. 그러므로 조금 다쳤을 때 나오는 피는 대부분 정맥 혈액이다. 정맥혈은 산소가 부족하므로 검붉은 색을 나타내는데, 이는 약간의 붉은색 파장의 빛만 반사할 뿐 대부분의 빛은 흡수하기 때문이다. 정맥이 파랗게 보이는 것은 정맥에 흐르는 피 때문이 아니라, 우리가 피부를 통해서 정맥을 보기 때문이다. 정맥혈관의 외벽은 약간 흰색이 도는 푸르스름한 색인데 매우 얇아서 빛을 통과시킬 수 있다. 혈관 안에는 위에서 말했듯이 검붉은 정맥혈이 지나가므로 겉에서 보기에 혈관이 검붉게 보여야 할 것이다. 그런데 왜 정맥혈관은 푸르스름하게 보일까?

반사되는 푸른색 파장

물리학자 로서 릴게(Lothar Lilge)는 이것을 증명하기 위해 다음과 같은 실험을 했다. 피를 채운 여러 가지 크기의 유리관을 밝은 피부와 화학적 조성이 비슷한 지용성 액체에 담궈 마치 피부 속에 혈관이 있는 것처럼 상황을 재연한 후 그곳에서의 빛의 투과와 반사를 관찰했다. 그들이 관을 점차 용액에 깊게 담글수록 관의 색은 다르게 보였다. 바로 표면 아래에서는 붉게 보였지만, 아래로 내려갈수록 점점 푸르게 보였던 것이다.

왜 이같은 현상이 일어나는 것일까? 연구원들은 카메라와 여러 가지 빛 필터로 피부와 유사한 우윳빛 액체와 유리로 감싼 피가 어떤 파장의 빛을 흡수하는지 알아보았다. 액체에 담그지 않을 때 유리관은 모든 파장의 빛을 다 흡수하고 일부 붉은 빛만 반사했다. 그래서 외부에서 피는 붉게 보이는 것이다. 그러나 액체에 담그면, 즉 피부에 들어가면 피의 색은 다르게 나타났다. 하얀 피부는 거의 모든 빛을 다 반사했고 긴 파장의 붉은색만이 피부 안에 침투할 수 있었다. 반면 푸른색처럼 파장이 짧은 것은 피부 안에 침투하지 못했다.

붉은색 파장의 빛은 피부 속 정맥에 흐르는 피까지 도달할 정도로 침투하지만, 파란색 파장의 빛은 정맥에 다다르기도 전에 모두 반사되어 버리는 것이다. 즉, 정맥 위의 조직에서 반사되는 빛에는 푸른색 파장의 빛이 많아 정맥이 푸르게 보이는 것이다. 연구에 의하면, 최소한 0.05센티미터 아래에 혈관이 있어야 정맥이 푸르게 보이며, 피부가 얇은 사람들은 혈관이 붉게 보여 얼굴이 홍조를 띠게 된다. 특히 모세혈관은 0.0025센티미터 아래에 있으므로 피부가 얇은 사람들은 원래 혈액이 지닌 붉은색이 그대로 보인다. 그럼 동맥은 무슨 색으로 보일까? 피부 0.2센티미터 깊이 아래로는 빛이 침투하지 못하기 때문에 동맥은 보이지 않는다.

모든 피가 다 빨간색일까?

영화에서 외계인의 피가 초록색으로 묘사되는 경우가 있다. 인간의 피와는 다른 피를 가졌으리라는 상상에서 나온 것이다.

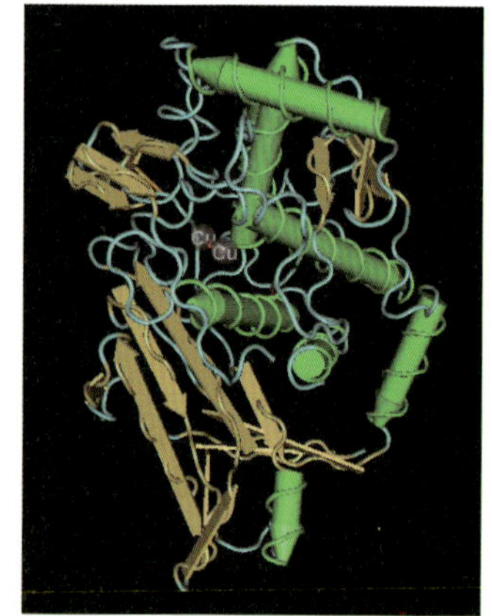

▲ 헤모시아닌을 재현한 그래픽
갑각류나 연체동물의 혈액에 함유된 헤모시아닌은 산소와 결합하면 엷은 청색이 된다.

그럼 지구상에 사는 생물 가운데 초록색 피를 지닌 생물이 있을까? 있다. 모든 생물의 피가 인간의 혈액처럼 다 빨간 것은 아니다. 대부분의 동물인 포유류, 새, 거북이, 뱀, 개구리, 도마뱀, 물고기 등의 피는 모두 빨간색이지만, 그보다 하등동물은 무색이거나 파란색, 초록색 피를 가지고 있다. 우리가 맨눈으로 볼 수 있는 커다란 동물들은 폐쇄혈관계를 가지고 있고, 이들은 심장, 동맥, 정맥, 모세혈관 안에서만 혈액이 이동한다. 하지만 하등동물들은 개방혈관계여서 혈액이 몸의 공간에 모두 돌아다니고, 조직에 직접 접해 있다. 이보다 더 하등한 동물은 혈액이 없다. 해면류는 혈액 대신에 체내에 물이 돌아다니고, 해파리는 젤리 같은 물질이 얇은 막 안에 있다. 이들 중에서 빨간 피를 가진 동물들이 있는데 이는 혈액 안에 헤모글로빈이 있기 때문이다. 헤모글로빈은 철을 포함함에 따라 철이 산소와 결합하면 밝은 빨간색이 되고 산소와 결합하지 않으면 보라색을 띠는 어두운 빨간색이 된다. 지렁이나 달팽이, 모기 등도 빨간색 혈액을 가지고 있다. 이들의 헤모글로빈은 적혈구에 있는 것이 아니라 그냥 혈액에 같이 녹아 있다.

또 다른 하등동물은 파란색 피를 가지고 있다. 이들 혈액 속에 있는 헤모시아닌은 산소와 결합하면 파란색을 나타내고, 산소가 없어지면 무색이 된다. 헤모시아닌은 헤모글로빈과 비슷한 구조이지만 가운데에 철 대신 구리가 들어 있다. 가재, 게, 전갈, 문어, 오징어, 홍합, 조개 등이 이런 혈액을 가지고 있다. 일부 바다 밑에 사는 벌레들 가운데에는 초록색의 혈액을 가지고 있는 것도 있다.

핏자국이 하나도 없는데?
앗! 여기다
루미놀 용액을 구석구석 뿌려 봐 피 묻은 곳은 아마 반딧불처럼 반짝일 거야
푸른빛이 드러나기 시작했어!

루미놀 반응과 혈흔검사

준비물

유리컵 2잔, 루미놀(luminol) 용액, 3% 과산화수소, 피 묻은 헝겊 또는 약간의 혈액. (루미놀 용액은 0.1 M−NaOH 수용액 500mL에 0.23g의 루미놀을 녹여 만든다.)

실험 과정

1 100mL의 루미놀 용액을 넣은 유리잔에 100mL의 과산화수소수를 넣는다.

2 피가 묻은 헝겊이나, 약간의 혈액에 루미놀 용액을 뿌려본다.

실험 결과

불을 끄면 루미놀 용액을 넣은 곳에 청백색 빛이 난다.

왜 그럴까?

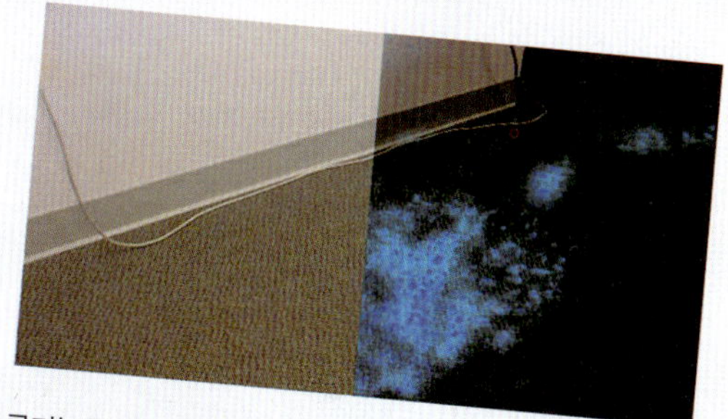

루미놀은 백색 고체이며, 물, 에탄올, 에테르에는 잘 녹지 않는다. 루미놀은 알칼리성 용액에서 과산화수소수 등에 의해 산화되면, 질소 기체가 나오면서 남은 물질(3−아미노프탈레이트)의 전자가 들뜬 상태가 되고 이들 전자가 즉시 바닥 상태로 돌아올 때 약 424나노미터 파장에 해당하는 청백색의 빛이 나온다. 빛을 발하는 시간은 몇 분에서 약 30분 이상 지속되고, 빛의 강도가 매우 커서 암실이 아닌 곳에서도 확인할 수 있다.

루미놀이 혈흔과 급격히 반응하는 것은 혈액에 촉매가 있기 때문이다. 루미놀과 과산화수소수를 알칼리성 용액에 섞어 혈흔에 뿌리면, 혈액 성분이 촉매로 작용하여 과산화수소수에서 활성 산소가 나오고, 이 활성 산소는 주변 물질을 급격히 산화시킨다. 이때 루미놀은 활성 산소와 결합하여 산화되고, 강한 청백색 빛을 내게 되는 것이다. 과산화수소 대신 산소계 표백제를 사용해도 같은 결과를 얻을 수 있다.

4. 멜라닌의 비밀

마치 표백한 듯이 모든 동물들의 털, 머리카락, 눈동자의 색이 하얗게 변한다면? 아마도 사람들은 예전의 빛나던 갈색 생머리와 검은 눈동자, 금발 머리와 에메랄드빛 눈동자에 대해 향수를 느끼지 않을까. 대자연은 그림 속 동물의 눈동자를 그리듯, 인간의 머리카락과 눈동자에 색을 집어넣었다. 몸소 그 역할을 맡은 것은 바로 멜라닌 색소이다. 지금부터 멜라닌 색소 속에 숨겨진 비밀을 파헤쳐보자.

인간의 피부색은 왜 다를까?

인간의 피부색은 인종마다 다르다. 아프리카인은 검은색, 동양인은 노란색, 북유럽인은 흰색이다. 피부의 색은 대개 멜라닌, 카로틴, 그리고 혈관의 색이 혼합되어 나타난다. 흑인은 피부 안에 멜라닌 색소가 많아 검게 보이고, 동양인은 카로틴이 많아 피부가 노란색으로 보인다. 북유럽 사람들은 일조량이 매우 부족해 피부가 희고 투명한 편이며, 모세혈관이 비쳐서 붉은색으로 보인다.

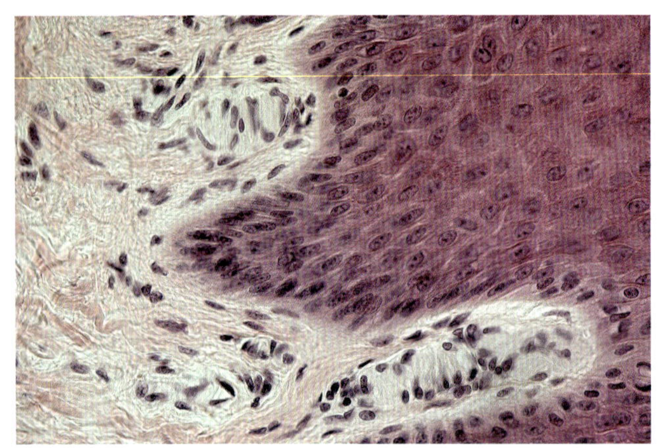

▲ 왼쪽은 외피, 오른쪽은 진피이다. 경계선 부근에 멜라닌 색소가 밀집해 있다.

왼쪽 그림은 피부의 단면을 나타낸 것으로 외피와 진피가 있고 그 경계선 부근에 멜라닌 색소가 밀집해 있다. 이 멜라닌 색소는 멜라노사이트라는 색소 형성 세포에서 나온다.

그 경계면의 세포에 멜라닌 색소가 많아서 색이 더 짙게 나타난다. 멜라닌은 햇빛을 받으면 더 많이 생기고 그에 따라 피부색이 더 검게 변한다.

멜라닌의 분자 구조를 보면 다른 색소보다 더 많은 벤젠고리와 이중결합을 한 것을 알 수 있다. 이런 구조는 전자가 자유롭게 움직일 수 있는 구조라서 쉽게 빛을 흡수하며 전자 배열이 바뀔 수 있다. 따라서 대부분의 가시광선을 흡수하게 되고, 결국 멜라닌 색소가 많아지면서 짙은 갈색이나 검은색 피부가 되는 것이다.

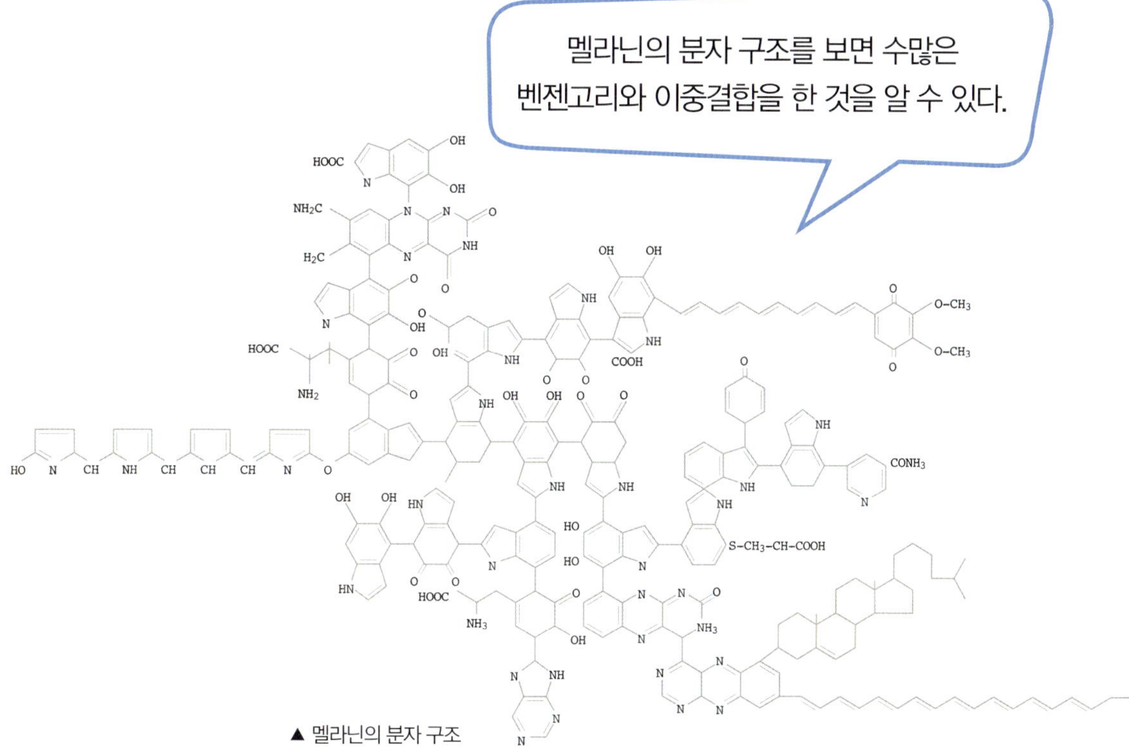

▲ 멜라닌의 분자 구조

햇빛에 피부가 검게 그을리는 이유

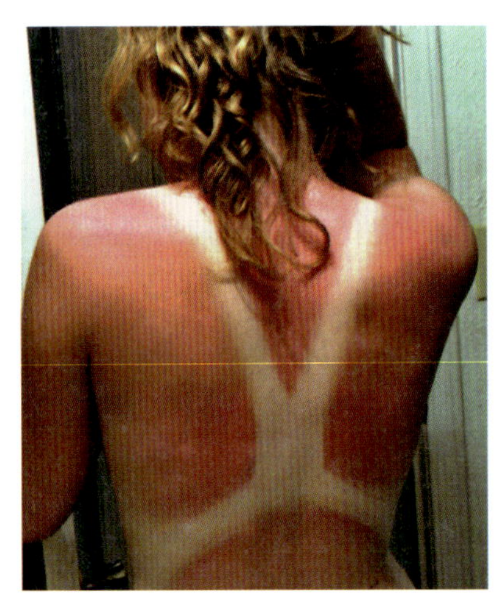

여름 해변에서 강한 햇빛에 피부를 오래 노출시키거나 선탠을 하면 피부가 검게 그을린다. 그러면 피부가 그을리는 것은 어떤 과정에 의한 것일까?

피부가 햇빛에 검게 그을리는 것은 피부 세포의 분자가 빛에너지에 의해 화학적으로 변화하는 일종의 광화학 반응이다. 그을림이 자외선에 의해서 일어난다는 사실은 잘 알려져 있다. 그럼 자외선은 왜 피부를 그을리게 하는 것일까? 우리가 안과에서 눈에 약을 바르고 쬐이는 따뜻한 적외선은 그 밝기를 높이거나 시간을 늘려도 피부에 이와같은 색 변화를 일으키지는 않는다. 그을림이 적외선에 의해 일어나지 않는 것은 적외선의 광자가 화학반응을 일으킬 정도의 에너지를 지니고 있지 않기 때문이다. 즉 에너지가 많은 자외선만이 피부색을 변화시킬 수 있는 것이다.

자외선은 파장에 따라 UV-A(320~400nm), UV-B(280~320nm), UV-C(100~280nm)로 나눌 수 있는데, 이 가운데 파장이 짧은 UV-C와 일부 UV-B는 오존층에 흡수되어 지표면까지 내려오지 않으므로 피부에 닿는 것은 UV-A와 일부 UV-B뿐이다. 그 중에서 UV-B는 그을림의 주요 원인이 되며, UV-A는 피부를 손상시켜 주름살이나 피부 늘어짐의 원인이 된다.

UV-B 자외선이 피부에 닿으면 멜라노사이트는 피부를 보호하기 위하여 멜라닌 색소를 만든다. 이 색소는 자외선을 흡수하여 자외선이 피부를 손상시키는 것을 막아준다. 멜라닌은 농도에 따라 검은색, 갈색 또는 노란색을 나타내는데 자외선을 받으면 일시적으로 생성되고, 생체 내에서 다시 분해된다. 하지만 지속적으로 빛에 노출되면, 멜라닌을 함유한 세포가 피부 최외각으로 이동하여 검은색으로 그을린 피부가 유지된다. 우리가 흔히 선탠이라고 하는 것은 이처럼 멜라닌이 많이 생성, 흡수되어 피부가 적당히 검게 되는 것을 일컫는다. 그러나

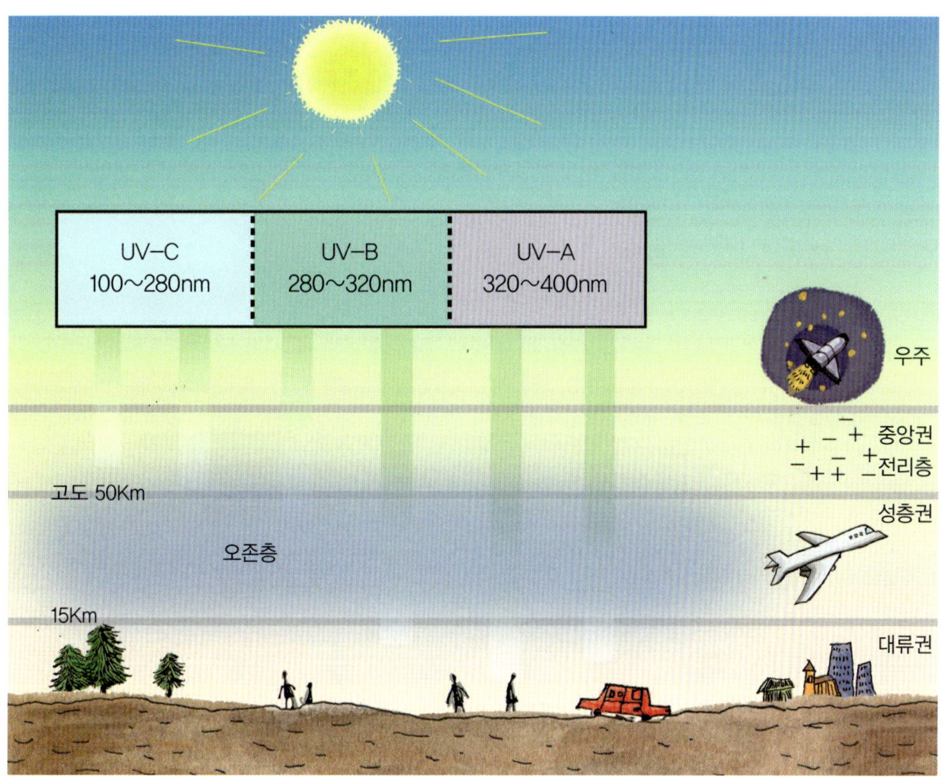

이와 달리 자외선 양이 너무 많으면 이런 멜라닌 생성 반응이 미처 따라가지 못하는데, 이때 생기는 것이 선번(sunburning)이다.

선케어 화장품은 자외선 흡수제를 넣어 멜라닌이 미처 흡수하지 못하는 자외선을 흡수하여 선번을 막고 피부가 고르게 그을릴 수 있도록 하거나, 아예 자외선을 막아 흰 피부를 유지할 수 있게 하는 것이다. SPF(자외선 차단 지수로 수치가 높을수록 피부를 보호하는 강도가 높다)는 자외선 B파를 막는 정도를 나타내는 것이고, PA는 자외선 A파를 막는 효과를 나타낸다. 제품 중에는 자외선 흡수제를 사용하는 것 외에도, 물리적인 방법, 즉 분말을 섞어 빛이 여러 방향으로 산란하도록 하는 것, 또는 멜라닌을 분해하여 피부를 희게 하는 것도 있다.

색소가 없는 사람들 알비뇨

알비뇨(알비니즘)는 멜라닌 색소를 만들지 못해 눈, 피부, 머리카락에 색소가 없는 유전병이다. 알비뇨는 모든 인종에게 다 나타나고 동물에게도 똑같이 나타나는 병이다. 약 2만 명 중에 한 명 꼴로 나타나며 정상적인 부모에게서도 알비뇨인 아이가 태어날 수 있다.

특히 알비뇨인 사람은 눈의 색이 파란색, 보라색, 심지어 빨간색이기도 하며, 머리와 눈썹이 매우 하얗기 때문에, 중세에는 독특한 외모로 인해 마녀로 오인받기도 하였다. 19세기에는 알비뇨인 사람들을 신비한 존재로 생각하여 사진으로 많이 남겼으며, 서커스단에서 사람들의 구경거리로 취급하기도 했다.

미국의 유명한 가수 마이클 잭슨은 흑인이면서도 백인처럼 보이는데, 마이클 잭슨은 그 이유로 알비뇨를 거론하고 있다. 실제 과거의 사진과 비교해 보면 피부색이 많이 변화한 것을 알 수 있다. 전문가들에 따르면, 마이클 잭슨은 부분적인 알비뇨를 겪었으며 피부 탈색을 통해 전체적으로 하얀 피부를 가지게끔 치료했다고 한다.

또 알비뇨인 사람의 눈에는 원추세포가 부족해서 사물이 정확하게 보이지 않고, 사물이 마치 해상도가 매우 낮은 사진의 피사체처럼 보인다고 한다. 그래서 장님처럼 점자를 사용할 정도는 아니지만 운전이나 글읽기와 같은 일상적인 활동에 제한을 받는다. 알비뇨 환자들이 사물을 보는 방식은 마치 TV를 아주 가까이에서 보면 물체가 따로 떨어진 색소만 보이고 전체적인 형태가 보이지 않는 것과 유사하다고 한다. 특히 초점을 잘 맞추지 못해 사시가 되는 경우가 많다.

알비뇨는 사람뿐만이 아니라 동물에게서도 나타난다. 알비뇨인 동물은 다른 일반적인 동물에 비해 수명이 짧고 활동도 약하다. 특히 육식동물의 경우 시야가 넓지 못하므로 사냥을 못해서 생존에 매우 불리하다. 그렇다고 흰색 동물이 모두 알비뇨인 것은 아니다. 예를 들어 흰색 공작은 원래 흰색인 종류이지 열성 유전자를 가진 알비뇨는 아니다.

알비뇨는 유전될까?

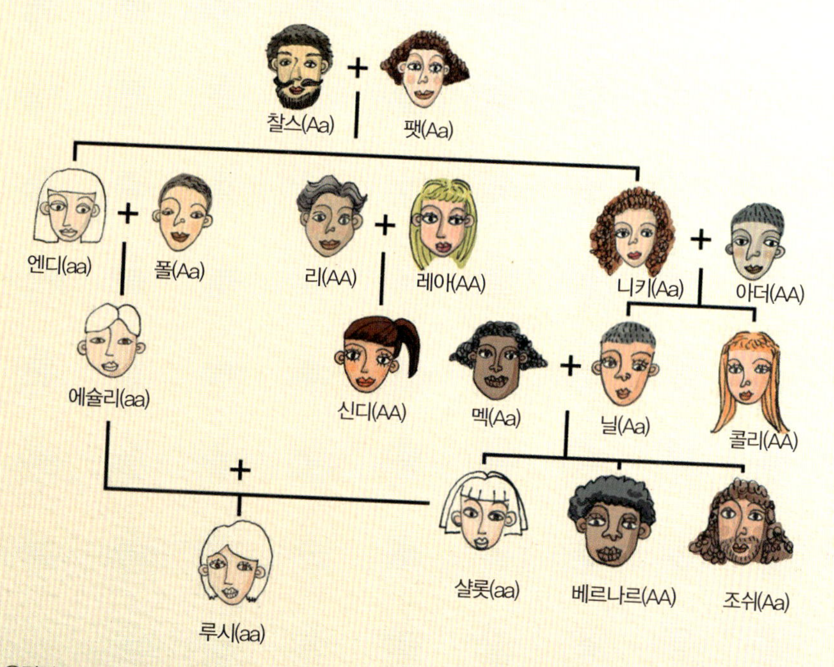

알비뇨는 유전적인 것이므로 부모가 알비뇨이면 자식도 알비뇨일 경우가 있지만, 부모가 모두 정상적인 경우에도 열성 유전자끼리 만나면 25퍼센트의 확률로 알비뇨 아이가 태어날 수 있다. 알비뇨는 흑인이나 동양인에게서도 나타난다. 알비뇨인 사람은 멜라닌 색소가 피부에 없으므로 햇빛에 매우 예민하다. 약 5분만 햇빛 아래에 서 있어도 피부에 화상을 입을 정도이다. 알비뇨인 사람들은 반드시 선글라스, 모자, 자외선 차단제를 사용해야 낮에 활동이 가능하다. 이런 보호수단을 써도, 피부암에 걸릴 확률이 매우 높다.

노랗게 변하게 하는 빌리루빈 색소

갓 태어난 아기의 피부색은 붉은 것이 보통이다. 그런데 생후 2~3일이 지나 아이의 피부나 눈의 흰자위가 누렇게 변하는 경우가 있는데, 이런 것을 황달이라고 한다. 황달은 인종을 가리지 않고 나타나기 때문에 흑인이나 백인의 피부도 동양인처럼 노랗게 변한다. 황인종은 다른 인종보다 황달에 잘 걸리는 경향이 있고, 정상적인 피부에 비해 매우 노랗기 때문에 쉽게 알아볼 수 있다.

이렇게 피부와 눈이 노랗게 변하는 이유는 '빌리루빈(billirubin)'이라는 노란 색소가 생기기 때문이다. 이것은 담즙 색소라고도 하는데 적혈구가 분해되어 생기는 것이다.

보통 태아에게는 뱃속에서 산소를 원활하게 공급받기 위해 적혈구가 성인보다 좀 많이 있다. 성인의 경우는 빌리루빈이 간에서 처리되어 장으로 분비된 후 변으로 배설된다. 우리의 변이 노란색을 띠는 것은 이 때문이다.

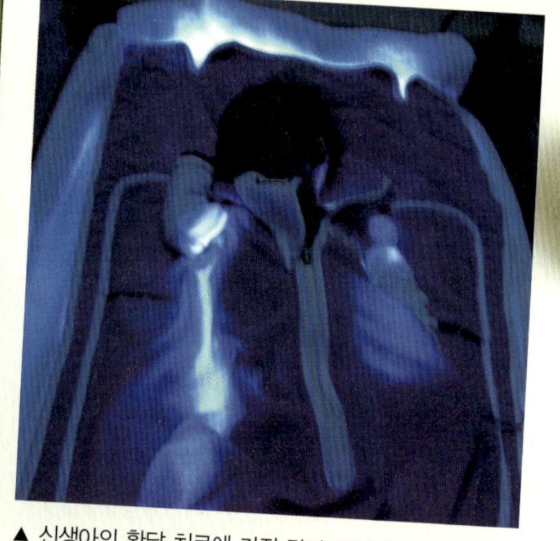

▲ 신생아의 황달 치료에 가장 많이 사용되는 것은 광선 치료이다. 아기를 발가벗긴 후, 450나노미터 전후의 푸른빛을 하루 종일 쬐어주면, 빌리루빈이 빛에 분해된다. 특히 아기의 피부는 매우 얇고 투과성이 좋아서 빌리루빈은 금방 분해되어 땀이나 오줌으로 배설된다.

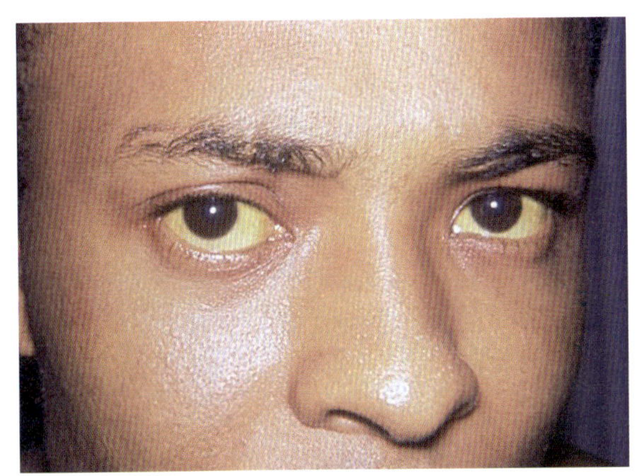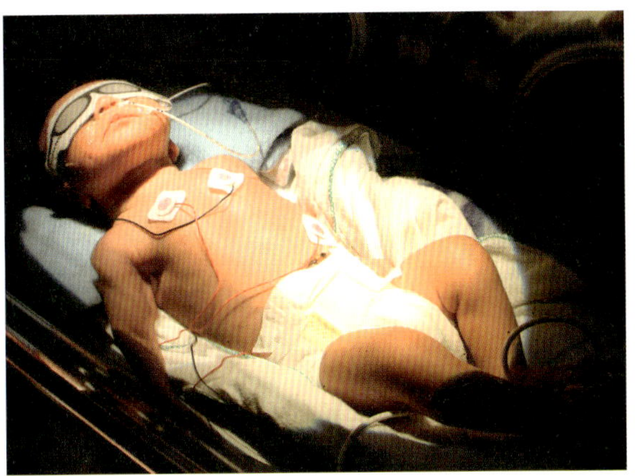

▲ 황달
몸 속에 빌리루빈 색소가 생기면 피부와 눈이 노랗게 변하다.

그런데 신생아의 경우에는 이런 빌리루빈 처리 능력이 약하기 때문에 빌리루빈이 혈액 속에 계속 축적되어 피부나 흰자위가 노랗게 물드는 것이다. 성인의 경우에는 간에 이상이 생길 경우 황달이 나타난다. 간기능이 저하되면 역시 빌리루빈이 처리되지 않고 혈액 속에 축적되기 때문에 피부가 노란색으로 착색되는 것이다. 황달이 심하게 되면 모든 심장, 폐, 피하지방 등 체내 모든 기관의 색이 노란색으로 변한다. 황달은 동물에게도 나타나며, 증상은 사람과 동일하다.

빌리루빈은 신경세포와 친화력이 매우 커서 그냥 놓아두면 청력 이상, 뇌 손상 등의 심각한 후유증을 일으키기 때문에 신생아의 피부색 변화는 항상 유심히 살펴야 한다.

〔 사진출처 〕

약칭 : fl－www.flickr.com ; wiki－www.wikipedia.org

01 색으로 맛을 낸 하늘

13쪽 Tyndall Effect (wiki), http://en.wikipedia.org/wiki/Image:SonneNebel.jpg / 15쪽 John Tyndall (wiki), http://en.wikipedia.org/wiki/Image:John_Tyndall_%28ca._1885%29.jpg / 16쪽 John William Strutt (wiki), http://en.wikipedia.org/wiki/Image:John_William_Strutt.jpg / 19쪽 'Mather's Point. Grand Canyon' © Rene Rodriguez(pendeho : fl) / 20쪽 'City relocated and soon to be flooded' © Kenneth Tan (fl) / 21쪽 달에서 본 지구 Earthrise, Apollo8 © NASA / 22쪽 'Earth Mars and Moon to scale' © Bluedharma (fl) / 27쪽 'Aceh sunset' © Mangiwau (fl) / 29쪽 (왼쪽) 'Sunset at Ayers Rock, Aust' © Jim Heim (littleheimer : fl), (오른쪽) 'Bangkok sunset' © Flashpacking Life (fl) / 30쪽~ 32쪽 'The Colors of Twilight and Sunset' © Stephen Corfidi, NOAA-NWS-NCEP-Storm Prediction Center, http://www.spc.noaa.gov/publications/corfidi/sunset / 35쪽 'bluemoon and the deep blue sea' © bealluc (fl) / 37쪽 'Cumulonorfus' © anglia24 (fl) / 39쪽 'Cairo Sunset' © rosums (fl) / 40쪽 (오른쪽 위) 'Forest to Cloud' ©Uros Petrovic (fl) / 41쪽 'Golden cloud' © momse2600 (fl) / 45쪽 'Rainbow (R)' © dgans (fl) / 47쪽 'Double Rainbow' © Sean Duan, http://www.flickr.com/photos/flopper / 48쪽 Solar glory (wiki), http://en.wikipedia.org/wiki/Image:IMG_7474_solar_glory.JPG / 50쪽 'Rainbow Series 1' © mick y (fl)

02 색으로 넘치는 지구

54쪽 'Snowflake 57, 58, 61, 62' © David Drexler (fl) / 55쪽 'Waterfalls' © jol1(fl) / 56쪽 'Iceberg, Tracy Arm' © Teresa McTigue (TerryMcT : fl) / 57쪽 (왼쪽) 'The faint blue color of water', http://webexhibits.org/causesofcolor/5B.html / 58쪽 (왼쪽 위) 'Colored river' © Thomas Reichart (fl), Deutschland, (오른쪽 위) 'Beautiful Yellowstone' © Stefano_p (fl), (왼쪽 아래) 'hot colorful springs, Yellowstone' © tipparti (fl), (오른쪽 아래) 'Yellowstone - Orange pool' © J.D. Adsit (Monday Morning Photography : fl) / 59쪽 'paragliding in turkey' © Nikki Scholes (nixissmall : fl) / 60쪽 (위) Plankton (wiki), http://en.wikipedia.org/wiki/Image:Diatoms_through_the_microscope.jpg, (아래) 'African Dust leads to large toxic algae blooms off the coast of Florida'© NASA, http://svs.gsfc.nasa.gov/vis/a000000/a002200/a002241/index.html / 61쪽 'mirror lake in finnish lappland' © norvegia2005sara (fl) / 62쪽 red tide (wiki), http://en.wikipedia.org/wiki/Image:La-Jolla-Red-Tide.780.jpg / 63쪽 'Sea Turtle' © Daniel Godin, http://dangodin.com / 64쪽 (왼쪽 위) 'Red stones (10)' © dmviews (fl), (오른쪽 위) 'blue stone wall' © White Bunnyfield (fl), (왼쪽 아래) 'stone houses in Petra' © Zé Eduardo (fl), (오른쪽 아래) 'grey lined' © lithotao (fl) / 65쪽 북새선은도(北塞宣恩圖) © 국립중앙박물관 / 66쪽 'Uluru - Kata Tjuta National Park, NT' © meaden (fl) / 67쪽 Uluru, Central Australia © NASA / 68쪽 'White cliffs' © maddavethorp (fl) / 69쪽 (위) 'Jiuzhaigou-九寨溝_15' © choccho (fl), (아래 왼쪽) '伍彩池' © benny127 (fl), (아래 오른쪽) 'Huang Long Scenic - limestone' © Lai Koon Yen (myVista : fl) / 70쪽 'cmfp and volcano soil' © scrappymoduinne (fl) / 71쪽 'Diamond and graphite' © Dr Alan Hewat, Institut Laue-Langevin, Grenoble, France, http://wwwold.ill.fr/dif/3D-crystals/bonding.html / 72쪽 (왼쪽) E. M. Boatman, G. C. Lisensky, and K. J. Nordell, "A Safer, Easier, Faster Synthesis for CdSe Quantum Dot Nanocrystals,"; Journal of Chemical Education, 82, 1697 (2005), (오른쪽) 'gold rubby glass', http://webexhibits.org/causesofcolor/9.html / 73쪽 (위) 'Travel Memories Cuba' © Tineke van Schaik, The Netherlands (kaabee1 : fl), (아래) 'Pyrite' © smiling_da_vinci (fl) / 74쪽 'Silver Sugar Balls' © Jan Soerensen (www.flickr.com/photos/m4gic) / 75쪽 (왼쪽 위) 'mavi elmas, blue diamond' © paşan i nyeri (fl), (오른쪽 위) 'dusty diamond' © Ikayama (fl), (왼쪽 아래) 'Diamond Cut' © Heaven's Gate (fl), (오른쪽 아래) 'Diamond Age' © jurvetson (fl) / 76쪽 (위) '2.42 Cushion Cut Unheated Burmese Ruby' © jstonepix (fl), (아래) 'Sapphire - Ahhhhhhh' © theappraiserlady (fl) / 77쪽 'Sapphire & Diamond Pendant' © Farrukh Younus, www.flickr.com/swamibu / 78쪽 (위) '4.50ctw 10.90x6.92mm Pear-Shape Colombian Emerald Pair' © jstonepix (fl), (아래) 'Emerald' © The Natural History Museum in Leiden, The Netherlands. / 79쪽 'project 365 #129: emerald in calcite matrix macro' © mygothlaundry (fl)

03 맛깔스러운 식물의 색

82쪽 'after naoh' ⓒ suzannepie (fl) / 84쪽 'old wine leaf' ⓒ Vangral (fl) / 85쪽 'Leaves' ⓒ Zed Bee, http://www.flickr.com/photos/zedbee / 88쪽 (왼쪽) 'plant cell' ⓒ Ross Koning, http://plantphys.info/plants_human/images/cell.gif, (오른쪽) 'Autumn Leaf Cross Section' ⓒ Courtesy of USFS, http://forestry.about.com/od/fallcolor/ss/fall_leaf_xsec.htm / 89쪽 (왼쪽 위) 'Green cauliflower' ⓒ Leo Donnelly (fl), (오른쪽 위) 'Cauliflower' ⓒ abaesel (fl), (왼쪽 아래) 'Cheddar cauliflower' ⓒ dgans (fl), (오른쪽 아래) 'Purple Cauliflower' ⓒ Teresa Gomez (*Feather* : fl) / 90쪽 (왼쪽 위) 'Kiwi Fruit' ⓒ el Reino (fl), (오른쪽 위) 'Cherry tomatoes' ⓒ frscspd (fl), (왼쪽 가운데) 'Fruits of autumn' ⓒ Sylke Scholz, http://not-lost-in-space.de, (오른쪽 가운데) 'banana fervor' ⓒ shubhangi athalye (fl), (왼쪽 아래) 'Fresh Grapes' ⓒ Pipe (fl), (오른쪽 아래) 'Summer fruits 1' ⓒ michellebfl (fl) / 91쪽 (왼쪽 위) 'FRUIT' ⓒ fordieinfrance (fl), (오른쪽 위) 'fruits' ⓒ Jerry Lee, (왼쪽 가운데) 'Fruit' ⓒ leahbeatle (fl), (오른쪽 가운데) 'French French Fruit' ⓒ sfPhotocraft (fl), (왼쪽 아래) 'Pears in a Tajrish fruit market, August 2005' ⓒ Xander's Mom (fl), (오른쪽 아래) 'Summer Fruit' ⓒ naughton321 (fl) / 96쪽 (첫 번째) 'Japanese maple' ⓒ autan (fl) / (두 번째) 'Ginkgo' ⓒ Roger B. (fl), (세 번째) 'Japanese Zelkova' ⓒ ben garland (bengarland : fl), (네 번째) 'Cherry tree leaves' ⓒ Shigatsuhana (fl) / 97쪽 'Red Leaves and Berries 2' ⓒ marylea (fl) / 99쪽 (위) Red maple leaf (wiki), http://upload.wikimedia.org/wikipedia/commons/a/aa/Red_maple_leaf.jpg, (아래) 'Rainy Red Slopes' ⓒ Aubrey Guynn (aubreyguynn : fl) / 103쪽 (왼쪽) 'Cabbage' ⓒ Christina Herrmann (Nttnylion : fl), (가운데) 'Wild Blueberries' ⓒ The Skillet Lickers (fl), (오른쪽) 'Grapes from our garden' ⓒ Ambrosia_apples (fl) / 105쪽 (왼쪽 위) 'rosy red orange' ⓒ threed (fl) / (오른쪽 위) 'purple corn' ⓒ probinshawina (fl), (왼쪽 아래) 'Unique Carrots' ⓒ caribb (fl), (오른쪽 아래) ⓒ http://cafe.naver.com/maejoo / 106쪽 (아래 왼쪽, 오른쪽) 'Cabbage Indicator' ⓒ Alan Yates, System Administrator AY Communications, http://www.vk2zay.net/article.php/33 / 107쪽 'redorange' ⓒ dharmashanti (fl) / 109쪽 (위) 'pink hydrangea macrophylla' ⓒ carmenlikesdogs (fl), (중간) 'Pink Hydrangea' ⓒ Sierra from Dallas Texas. (aquasahara : fl), (아래) 'Colors of Hydrangea' ⓒ reiusu (fl) / 110쪽 'my morning green tea' ⓒ aloalosabine (fl) / 111쪽 'Apple Slices' ⓒ Mickal (fl) / 113쪽 'Chlorophyll' ⓒ UW-Madison Department of Botany, http://botit.botany.wisc.edu/images/130/Organic_Compounds/Necessity_for_photosynthesis/treatment_series.html / 115쪽 'pea palm' ⓒ bitzi (fl) / 116쪽 'Lemon Slices' ⓒ Two Three Nine (fl) / 117쪽 'Asian-Style Fruit Salad' ⓒ ric_w (fl) / 119쪽 'Homemade Potato Chips' ⓒ prettywar-stl (fl)

04 신비로운 동물의 색

122쪽 'Middle-Rare Steak' ⓒ Allen Yeh (fl) / 123쪽 myoglobin (wiki), http://en.wikipedia.org/wiki/Myoglobin / 127쪽 'mackerel' ⓒ j+r (fl) / 128쪽 'Mantis from Borneo' ⓒ Dr. Arthur Anker, STRI, Panama (artour_a : fl) / 129쪽 (위) 'Protective coloration' ⓒ Eisuke Shinkawa (netman : fl), (아래) 'Protective coloration' ⓒ sane_giken (fl) / 131쪽 (위) 'Chameleon' ⓒ Helena Pugsley (fl), (아래) 'chameleon on St John's wart' ⓒ Ilse Batten (ilsebatten : fl) / 132쪽 (왼쪽, 오른쪽) 'Color Change' ⓒ Michael Maldonado (therdeye_3e : fl) / 133쪽 (위) 'CIMG0227' ⓒ akajesais (fl), (아래) 'Jane' ⓒ Munch76 (fl) / 134쪽 (첫 번째) 'Four for Friday..27/07/07..4 Fotos' ⓒ bevcraigwhite (fl), (두 번째) 'gold bug1' ⓒ kattamos (fl), (세 번째) 'AngryDaisySpider' ⓒ Luke Southwood (heyluke : fl), (네 번째) 'Jumping Spider' ⓒ sakichin (fl) / 135쪽 'Ladybug' ⓒ catmadogma (fl) / 136쪽 (위 왼쪽) 'Flat Fish' ⓒ JonLoach (fl), (위 오른쪽) 'Flat Fish' ⓒ richiesoft (fl) / 138쪽 Hemoglobin (wiki), http://en.wikipedia.org/wiki/Image:1GZX_Haemoglobin.png / 142쪽 'Sexy Veins' ⓒ happyskydiver (fl) / 143쪽 'shark bait nebula (red)' ⓒ mivox (fl) / 144쪽 Hemocyanin (wiki), http://en.wikipedia.org/wiki/Image:Hemocyanin2.jpg / 145쪽 'Sally Lightfoot Crab 6' ⓒ mamamamarino (fl) / 148쪽 'Integ-12_SII65_10x' ⓒ RussellChowning (fl) / 150쪽 'The First' ⓒ Shifted Perspective (fl) / 153쪽 (왼쪽 위) 'albino alligator' ⓒ cJw314 (fl), (오른쪽 위) 'albino squirrel' ⓒ fake plastic tree (fl), (왼쪽 아래) 'Albino Rabbit' ⓒ Mike's Picture Place (fl), (오른쪽 아래) 'Albino Ladybug' ⓒ Om Prakash Yadav, http://www.opyadav.com (yadavop : fl) / 154쪽 (왼쪽) 'Tanzania' ⓒ Robert Perry (sightsavers : fl), (오른쪽) 'Male Albino Peacock Scone Palace' ⓒ blawjaws (fl) / 156쪽 'baby rave party' ⓒ mightymarce (fl) / 157쪽 (왼쪽) Jaundice (wiki), http://en.wikipedia.org/wiki/Image:PHIL_2860_lores.jpg / (오른쪽) 'Kieran in Phototherapy' ⓒ Daniel Ross (fl)

참고 웹사이트와 참고 문헌

http://webexhibits.org

George Burton, John Holman, Gwen Pilling, David Waddington, *Salters advancd chemistry Chemical storylines*, Heinemann Educational Publishers, 1994

색을 요리해 볼까?

ⓒ 김혜경, 현종오 2009

1판 1쇄 | 2009년 3월 23일
1판 2쇄 | 2014년 1월 24일

지 은 이 | 김혜경, 현종오
펴 낸 이 | 김정순
책임편집 | 허영수, 한아름
디 자 인 | 노상용, design 樂
스 토 리 | 염미희
일러스트 | 김지영, 김은희
사　　　진 | 박우진, 키메라스튜디오
모　　　델 | 정민지

펴 낸 곳 | (주)북하우스
출판등록 | 1997년 9월 23일 제 406-2003-055호
주　　　소 | 121-840 서울시 마포구 양화로 12길 24 (서교동 선진빌딩) 6층
전　　　화 | 02-3144-3123
팩　　　스 | 02-3144-3121
전자우편 | henamu@hotmail.com

본문에 포함된 사진 등은 가능한 한 저작권자와 출처 확인 과정을 거쳤습니다.
그 외 저작권에 관한 문의 사항은 해나무 편집부로 해주시기 바랍니다.

ISBN 978-89-5605-251-9 03400
　　　 978-89-5605-250-2(세트)
이 도서의 국립중앙도서관 출판시도서목록(CIP)은 e-CIP 홈페이지(http://www.nl.go.kr/cip.php)에서 이용하실 수 있습니다.
(CIP 제어번호 : CIP 2009000816)